DAKAI TAIKONG

出版统筹：汤文辉
品牌总监：耿　磊
选题策划：耿　磊　王芝楠
责任编辑：王芝楠
美术编辑：卜翠红
营销编辑：钟小文
版权联络：郭晓晨　张立飞
责任技编：王增元　郭　鹏

Original Title: Rejsen til rummet
Copyright © Lars Henrik Aagaard
First published by People's Press 2017
Simplified Chinese edition © 2021 Guangxi Normal University Press Group Co., Ltd.
Published in agreement with PeoplesPressAgency, Denmark
Graphic Designer: Rasmus Funder
All rights reserved.

著作权合同登记号桂图登字：20-2019-176 号

图书在版编目（CIP）数据

打开太空 /（丹）拉斯·亨里克·奥格著；张同译. —桂林：
广西师范大学出版社，2021.3
　ISBN 978-7-5598-3574-1

　Ⅰ. ①打… Ⅱ. ①拉… ②张… Ⅲ. ①宇宙－普及读物
Ⅳ. ①P159-49

　中国版本图书馆 CIP 数据核字（2021）第 006329 号

广西师范大学出版社出版发行
（广西桂林市五里店路 9 号　邮政编码：541004）
（网址：http://www.bbtpress.com）
出版人：黄轩庄
全国新华书店经销
北京博海升彩色印刷有限公司印刷
（北京市通州区中关村科技园通州园金桥科技产业基地环宇路 6 号　邮政编码：100076）
开本：787 mm × 1 092 mm　1/16
印张：12　　字数：154 千字
2021 年 3 月第 1 版　　2021 年 3 月第 1 次印刷
审图号：GS（2020）3575 号
定价：138.00 元

如发现印装质量问题，影响阅读，请与出版社发行部门联系调换。

打  开

[丹] 拉斯·亨里克·奥格 著 张同 译

太 空

GUANGXI NORMAL UNIVERSITY PRESS
广西师范大学出版社
· 桂林 ·

打开太空，打开地球以外的世界

当我们离开城市，来到山野乡村，常常会在漆黑的夜空中，看到星光点点。星星一闪一闪的，仿佛在向我们眨眼睛。运气好的话，我们还会看到一条乳白色的"牛奶路"（Milky Way）——银河。此外，我们还可以看到每天都在变化的月亮、红色的火星、戴着游泳圈的土星、拖着长长尾巴的彗星，还有不时划破天际的流星。人造地球卫星、空间站、载人飞船等人造天体，也在夜空中缓缓移动。

自古以来，太空就以其辽阔无垠，激发了人类极强的探索欲。只是囿于条件所限，古时候的人们对太空的了解十分有限。幸运的是，对生活在现代的我们而言，太空已不再如过去那般神秘。我们可以通过望远镜，去观测遥远的恒星和星云；对太阳系内的邻居们，我们则可以借助深空探测器前往探访。

深空探测器好比是科学家的眼睛、耳朵和手，有了它的帮助，我们就能身临其境地感知其他的星球。"嫦娥"4号实现了人类航天器首次登陆月球背面，"天问"1号已经奔赴火星，在过去的六十多年中，人类航天器已经抵达了太阳系里的很多天体。

随着人类对太空的探测越来越深入，颠覆人类已有认知的新发现越来越多。如果进入太空，你会发现，星星就像是镶嵌在黑色幕布中的钻石，它们发出锐利的光芒，却根本不会"眨眼"。我们看到的星星在"眨眼"，其实是因为星光在进入我们的眼睛之前，先要穿过地球的大气层，而空气的流动导致了光线的抖动。而星星发出的光，往往需要几十年、几百年甚至几千年才能被我们看见。

星星与我们的距离非常遥远，远到只能用光年来衡量，一光年大约相当于十万亿公里。换言之，我们现在看到的星星，并不是这些星星现在的样子，而是它们过去的样子。所以，我们仰望星空，实际上在回望宇宙的历史。

如果我们将时间转回一百多亿年前，回到宇宙刚刚诞生的时代，我们会发现，如今无比庞大的宇宙，那时候就是一个小不点儿。一次从无到有的大爆炸，创造了现在宇宙中的一切，包括看得见的物质、测得到的能量，还有看不见、测不着，但占整个宇宙质量百分之九十六的暗物质和暗能量。时间和空间，在大爆炸的那一瞬间才有了意义。宇宙至今仍在加速膨胀，大爆炸留下的余温，我们现在仍然还能感受到：它们是电视信号中的雪花，也是遍布整个宇宙的背景辐射。

太空探索的成果，正在更新我们对世界的认知。2019 年，詹姆斯·皮布尔斯因太阳系外行星的发现，获得了诺贝尔物理学奖；满天的恒星周围，大多数可能都有行星环绕，其中必然有像地球那样的行星。2020 年，科学家因黑洞研究的新发现再次获得诺贝尔奖。"国际"空间站的建成，使人类在太空中长期生活得以实现，很快，中国空间站也将建成。未来，普通人遨游太空将成为现实，人类将建立月球基地，甚至移民火星。"总有一天，人类将像学会骑马那样，骑着小行星去旅行。"——一百多年前，航天先驱齐奥尔科夫斯基就已经有此预言。

《打开太空》这本书，把短暂的人类史放在了宇宙 150 亿年的大历史中，为我们打开了地球以外的世界，用更大的宇宙观，更新了我们的世界观。读完本书，我仿佛置身于广袤无际的宇宙星空，觉得地球太渺小了，渺小得就像一粒尘埃，微不足道，沧海一粟；同时又觉得人生太短暂了，短暂得都来不及画下一笔，时光荏苒，转瞬即逝。

神奇的太空，有无数的未解之谜在等着我们去探索，正在阅读本书的你，想不想成为一名投身于太空事业的科学家呢？让我们一起努力吧。

——火星叔叔、行星科学家、中国科学院国家天文台研究员　郑永春

INDHOLD 目　录

第三部分

联 系 139

第一部分

宇　宙

宇宙是一切存在之全，包含了所有物质、
所有能量、所有空间和时间。
因此，它比人类想象的更伟大，
也比人类所能理解的更伟大。
但我们仍在勇于尝试穿越时空、穿越星系，
回到一切的起始。
那么，就让我们从眼前能看到的星辰开始。

星空

也许没有多少人希望回到 19 世纪，回到一个没有飞机、互联网和冰箱的世界。不过，那个时代有一个很大的优势，因为电灯没有广泛使用，人们可以更好地观赏繁星璀璨的夜空。

如今，街灯照亮了道路，明亮的车灯扫过黑暗的夜晚，房屋里温暖的灯光从窗户透出来。在现代城市里，人造光如此之多，即使在晴朗的夜晚，人造光的光芒也会掩盖满天星星发出的微弱光线。人们将这种现象称为光污染。也就是说，只有在人迹罕至的地方，比如在周围没有房屋和城镇的海滩上，才能真正欣赏到美丽的星空。

如果你来到空旷的野外，夜空晴朗无云，月亮还没有升起来，这时的星空绝对美得摄人心魄。你只需要放空身心躺在毯子上，抬头望向天空，整个人就仿佛置身浩瀚的宇宙之中了。

成千上万颗恒星在闪烁。幸运的话，你可能会看到明亮的流星划过天际，一眨眼就消失了。

流星并不是恒星，而是太空中的岩石。当流星穿过地球大气层时会因摩擦急剧升温，从而发出耀眼的光芒。最后，流星会完全燃烧，变成尘埃，除非它的体积非常大。

也许你偶尔会看到一个在天空中缓慢移动的小亮点。其实，飞机机翼上的闪光灯很容易辨认，如果小亮点不是飞机，那么这个亮点很可能是人类在地球上空发射的数千

在乡下，夜空中肉眼可见的星星比大城市里多得多，这是因为在城市，明亮的灯光"遮盖"了微弱的星光

图片来源：NASA

图为夜晚从"国际"空间站看到的欧洲。你可以清楚地看到从巴黎、伦敦和哥本哈根这些大都市发出的明亮灯光。人造光"污染"了夜空，因此在大城市很难看到星星

图片来源：NASA

于智利的天文台观测到的银河光弧

颗人造卫星中的一颗。

其中，最大的人造卫星是"国际"空间站。它在地球上空 400 千米处盘旋，长近 100 米，可供 6~7 名宇航员在上面居住。当然，地球上的我们也并不总能看到空间站。

当你的眼睛渐渐习惯黑暗之后，你就能看到天空各个方位由星星连成的不同图案，也就是大家所说的星座。

比如在天空中的某个地方，4 颗星星组成斗形，而其他 3 颗星星宛若斗柄，7 颗星星连在一起，像一种古代量

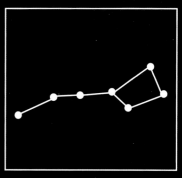

还有，在北半球上空，5 颗星星在天空中形成了一个略微倾斜的大 "W"，这是仙后座。

除月亮之外，夜空中最明亮的并不是恒星，而是一颗行星，地球的邻居——金星，因为它离太阳很近。

其次是天狼星，也称大犬座 α。大犬座得名于它的外形，它细长的形状和短小的 "腿" 仿佛一只伸展着身躯的大腊肠犬。

不过，最震撼人心的其实是一道跨越整个星空，宛如一条银白色丝带的发光弧线。它正是我们所在的星系——银河系中的 1 000 多亿颗恒星散发的美丽光芒。

在广袤无垠的苍穹中布满了漆黑的 "洞穴" 或 "云

北斗七星

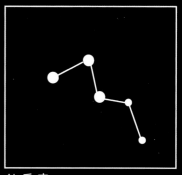

仙后座

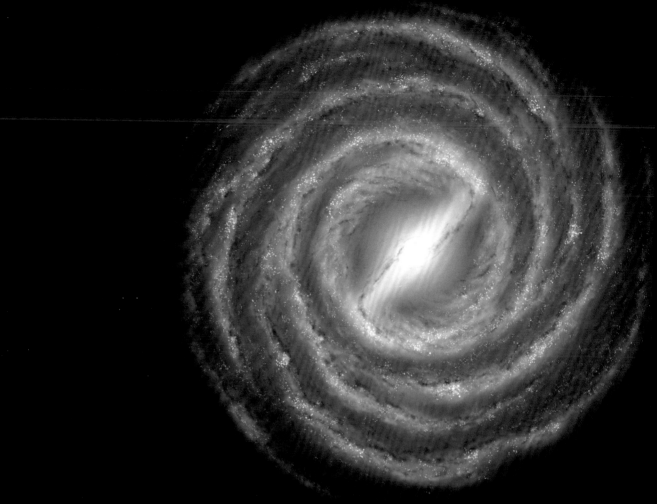

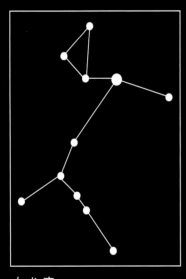

大犬座

团"，它们是遥远宇宙中的气体和尘埃，阻止了尘埃云身后的恒星光线到达我们的双眼。

在大城市里，人们通常看不见银河，但在乡下就可以看到这一奇妙壮丽的景观。

不过，我们仍然无法看到整个银河系，因为我们自己就是其中的一部分。就像你很难看到你生活的城市的全貌一样，只有当你乘坐飞机到高空中，才能看到整座城市。

我们无法看到整个银河系，因为我们自己就身处其中。不过，天文学家认为，银河系看起来像一个巨型螺旋，太阳和地球就漂浮在其中一个旋臂里

图片来源：**NASA**

但是恒星研究员——也就是我们常说的天文学家——测算出了银河系的模样。他们认为银河系是一个巨大的螺旋，从满是星星的发光中心向外，环绕出越来越大、布满星辰的圆弧。太阳和它的所有行星，包括地球，就漂浮在其中一个旋臂中。

在遥远的过去，在指南针和 GPS 问世之前，星星就是人们的向导，在漆黑的夜晚为大家指引方向。尤其是在海上航行时，眼前所能看到的大海景象几乎都是相似的，星辰就尤为重要。比如，维京人就是在北极星的指引下乘着木船跨越海洋，最终找到了前往冰岛、格陵兰岛和北美洲的道路。

北极星非常特别，与其他恒星不同的是，从地球上看，它在天空中的位置几乎不变，总处于北方。通过这种方式，维京人就可以在海上辨别东南西北。不过如果遇到阴天，他们就只能等到日出才可以知道船在朝哪个方向航行。

因此，在遥远的过去，星空对人类的意义远比今天重要。古人每晚都会抬头仰望天空，想着神灵就住在那里。所有闪烁的星光和美妙的星座都在影响着植物、动物，包括人类。

但是在那时，人们仍然相信地球是宇宙的中心，宇宙万物——甚至太阳——都在围绕着地球旋转。因此，人类觉得自己至关重要。

但在 500 多年前，一些智者开始潜心研究天象，用仪器测量恒星和行星。波兰天文学家哥白尼逐渐发现太阳应该是宇宙的中心，而非地球，太阳也并不会绕着地球转，而是地球绕着太阳转。

他相信自己掌握了真理，但说出真相无疑是在公然挑战当时的权威，因此他选择等自己死后再将发现公之于众，他所撰写的著作也一直到他去世后才正式出版。

在哥白尼生活的年代，世界上还没有望远镜，直到 100 多年后天文望远镜才真正问世。但是，如果哥白尼也曾拥有这种仪器，或许他会发现太阳也不是宇宙的中心——夜空中所有闪烁的光点几乎都是恒星，而太阳只是其中的一颗。

如今我们知道，宇宙根本没有中心，但同时我们也知道，其实每个地方看起来都像是宇宙的中心。

对于我们地球人来说，似乎我们就处在宇宙中心，我们周围各个方位的恒星数量大致相同，不计其数的星星仿佛被镶嵌在地球的穹顶之上。

同理，如果我们能去另一个星系中某颗恒星附近的行

世界上第一位用望远镜观察星空的是意大利科学家伽利略，他为人类做出了许多意义非凡的贡献。1610 年，他发现巨型行星——木星周围环绕着 4 颗巨大的卫星。如今我们知道木星至少有 63 颗卫星。在上图中，你可以看到伽利略发现的 4 颗卫星。在晴朗的夜晚，你可以通过望远镜看到它们

图片来源：**NASA/JPL**

星上旅行，我们会发现自己仍然处于宇宙的正中央。

我们还知道，宇宙中有几百亿个星系，就像银河系一样——每个星系又有成千上万亿颗恒星和行星。

最重要的是，我们发现星空实际上就是一种时光机。

时光机

　　当你在夜晚抬头仰望星空时，你其实是在回望过去。你永远无法看到此时此刻的星辰，只能看到它们的过往。

　　这是因为遥远的恒星发出的光需要一定时间才能到达地球。光是我们所知道的宇宙中运动速度最快的物质，当你在漆黑的马路上或在房间里打开手电筒时，你会察觉到这一点，而且光速远比眨眼的速度快得多。

　　但当涉及恒星时，其中的差别就比较明显了。

　　光速几乎可以达到每秒 30 万千米，这不是按小时计算的，而是按秒。让我们来看看，这到底意味着什么。

　　月球是地球永恒的伴侣，同时也是最近的邻居，地球和月亮相距近 40 万千米。因此，月光传到地球上你我的眼中大约需要 1.3 秒。

　　太阳到地球的距离则是地月距离的 375 倍——大约 1.5 亿千米。这意味着来自太阳的强光需要 8 分钟多一点的时间才能到达地球。

　　所以，当你在海滩上看着太阳从海上缓缓升起，从某种意义上讲，它在 8 分钟前就已经升起来了。或者，假如太阳现在突然熄灭（别担心，它不会的），我们将在 8 分钟后才会陷入黑暗的恐惧之中。这时，你会非常需要你的手电筒。

　　还有其他恒星呢？天狼星是天空中肉眼能看到的最亮的恒星，因为它离地球近。但我们这里所说的"近"其实

图中这位戴着假发的丹麦天文学家 O. 罗默是世界上发现光速的第一人。在 1676 年他提出这一想法之前，人们并不认为光在花时间移动。O. 罗默测算出光速为每秒 22 万千米。如今我们知道光速约是每秒 30 万千米或每小时 10 亿多千米

画像作者：JACOB CONING

相当遥远。

来自天狼星的光线需要 8 年多的时间才能到达我们眼中，也就是说它距离地球大约 80 万亿千米。

因此，即使光以每秒 30 万千米或者每小时 10 亿多千米的速度极速传播，它仍然需要 8 年以上的时间才能走完我们与天狼星之间的漫长距离。

于是，人们说地球与天狼星相距 8.6 光年。在描述恒星之间的距离时，用光年比用千米为单位更好，因为后者的数字实在太大了。

曾经为北欧海盗指引方向的北极星离地球大约有 431 光年。

这也意味着，你现在看到的在北方夜空闪烁的北极星，其实是它于 16 世纪末发出光芒时的样子。

更有趣的是红超巨星参宿四，如果你仔细观察，就会发现它实际上是橙色的。

参宿四位于猎户座的右下方，是夜空中的亮星之一。它距离我们大约有 600 光年远，所以我们从地球上看到的其实是它在哥伦布发现美洲大陆之前的样子，那时，欧洲人还不知道澳大利亚和新西兰的存在。

奇怪的是，参宿四很有可能已然经历了爆炸，只剩下残骸了，我们无法确定这一推断正确与否。或许大爆炸的耀眼光芒正在全速飞向地球，在明天，抑或是 100 年后闪现在我们眼前。但也有可能，这颗恒星还没有爆炸。

天文学家在观测参宿四时推断，它要么处在将要爆炸的边缘，要么已经发生了爆炸。因为它的体积实在太

参宿四是夜空中的亮星之一。如果它处
在太阳的位置，将吞没整个地球

大——如果把它放在太阳所在的位置，它将会吞噬太阳系木星轨道以内的所有行星，当然也包括地球。

参宿四很难维持巨大的体积，最终将走向坍塌（如果这一切还没有发生的话），这时，它将爆发巨大的能量，也就是超新星爆炸。

它应该不会对地球上的生命构成威胁。不过这次爆炸的威力如此之大，以至于在几天甚至几周内，它发出的强烈光线将超过银河系所有恒星的亮度总和。因此，即使在白天大家也能看到耀眼的光，甚至在它的照耀下，在原本漆黑的夜晚也能拿起书来朗读。

如果你有幸经历这次爆发，记得带一本书来到星空下，伴着 600 年前的光线阅读。

不过，你用肉眼就可以看到另一个星系。

你先要找到呈"W"形的仙后座，然后想象"W"的侧线反向延伸，再往南一点儿，你就会看到一团薄薄的亮斑，而这就是银河系的邻居——仙女星系。

仙女星系是我们在不使用望远镜的情况下肉眼所能看见的最远的天体，距离我们大约 220 万光年，这意味着我们看到的仙女星系其实是它在地球上人类出现之前的模样。那时，地球上只有不会生火的古猿，就像今天大家看见的黑猩猩和大猩猩一样。你看，星空真的是一台时光机呀！

我希望此时在夜空下看星星的你并没有觉得冷，因为我想让你再多待一会儿，想一件最重要的事儿。

你知道吗，你正在仰望的是你的家。当然，地球是你

仙女星系是银河系的邻近星系，它距离地球约
220 万光年，但却是宇宙中离我们最近的星系了

图片来源：NASA/JPL-CALTECH

的家，地球也是宇宙中的一颗行星，但我不是这个意思。

你来源于恒星。你身体的所有组成元素、你体内的所有物质，都是由恒星产生的。你的房子也是如此，这同样适用于所有的植物和动物，适用于所有的行星和卫星，适用于水、空气、山脉、树木，橡胶玩具熊的材料，以及一切的一切。

这一切都是在恒星内部产生的，尤其在巨型恒星爆炸中产生的——就像600光年外的红超巨星参宿四即将发生（或已经发生）的爆炸一样。

那么恒星从何而来呢？要回答这个问题，我们必须追溯到150亿年前，回到一切的起始，回到整个宇宙被创造的时候。

起　源

现在请你闭上双眼，试着想象——一片混沌。这里空无一物，只有无尽的空洞。

你想象的虚无，比黑暗更黑暗，比寒冷更寒冷，比空洞更空洞。于是时间也静止了，或者更确切地说，没有时间。如果空无一物，那么时间也无迹可寻，只有永恒。

在宇宙，以及一切的一切起源的时候，大抵是这样的。

不过，仍然有一些事物：一个比最小的针头还要小得多的点——奇点，隐藏其中。但就在这个几乎看不见的点中，蕴含着今天的宇宙形成的奥秘。

没有人能确切知道这一切的起源是什么，也没有人知道这个无限小的点从何而来。科学家们做出了许多猜测，在下一章我们将详细讲述。

人们将宇宙的起始称为大爆炸。这个称呼不太准确，因为大爆炸完全没有发出任何声响，也没有发出任何光。尽管如此，爆炸仍然带来了翻天覆地的巨大改变。

首先，时间产生了。刹那间，在一片混沌之中出现了物质，因此，时钟开始敲响。

与此同时，空间——也就是宇宙的所在——产生了，原本比针头还要小的点开始以惊人的速度膨胀。

温度急剧上升，变得非常非常热，甚至比那些最大最亮的恒星中心都要热。

我们无法用图片呈现大爆炸初期的景象，因为爆炸
完全没有发光，而是一团密度极高、极速膨胀的巨大黑
暗。直到约 38 万年后，才发出了第一束耀眼的光

图片来源：ESA

在一秒的无数分之一的无限短暂的时间里，全新的宇宙以超越光速的速度迅猛成长。这与我们今天所了解的自然法则完全不符。同时，物质出现了，但并不是我们了解的物质。因为人类对于构成所有物质的原子仍旧不甚了解。

正常情况下，原子几乎是不可能进一步分割的，原子的各个部分被某种力量聚集在一起。人类研制的原子弹利用了这种力量，原子内核发生裂变释放出来的巨大能量甚至足以摧毁世界上最大的城市。

而宇宙大爆炸要更加疯狂。

新生的物质像破碎的鸡蛋一样高速旋转，在不断搅打下，形成了炽热的能量热粥。与此同时，婴儿宇宙以疯狂的速度膨胀，但仍然无法用肉眼看见。这时的宇宙不会发光，温度极高，密度极大。

可以说，宇宙既不是固态，也不是液态，更不是气态，而是等离子体。恒星内部物质就是等离子体，就像裹在浓雾里的能量粥。

在温度达数百万摄氏度的恒星中心充满了组成光的微小粒子，这些光粒子仿佛在数十亿面镜子之间来回弹跳，在大约几万年后，它们终于可以到达恒星表面，被释放出来，最后以每小时 10 亿千米的速度离开。新生的宇宙就是一个巨大的等离子圆球，光粒子在它的内部也进行着同样的运动。

在经历大约 38 万年之后，那时宇宙体积大约只有如今的千分之一。38 万年可能听起来很漫长，但与现在约

150 亿年的宇宙年龄相比，几乎微不足道。如果我们将今天的宇宙看作 100 岁，那么彼时它只有不到 1 天大，完全是一个新生儿。

接着，宇宙温度下降，原本被禁锢的光从中逃离出来。大爆炸终于发出了耀眼的光芒，点亮了整个宇宙。

我们又是如何得知这一切的呢？

这是科学家通过测量大爆炸发出的余光得出的结论。在智能仪器的帮助下，人们可以"看到"宇宙诞生 38 万年后发出的第一束光。

事实上，光是一种波，所以早在 1948 年，杰出的科学家们就发现，如果大爆炸的余光依旧存在，那么这些光波如今应该会以某种特定的方式呈现。由于光波的变化，我们的眼睛可能已经看不到这些光了。

不过，大型射电望远镜可以"听到"这种光。射电望远镜就像灵敏的巨大耳朵，可以捕捉到宇宙中的各种波。1964 年，几位美国科学家在用大型射电望远镜收听宇宙中天体发出的射电波时，突然听到来自四面八方的噪声和噼啪声。

起初他们以为噪声是鸽子在射电望远镜里筑巢导致的，但在移走鸟巢之后，噪声仍然存在。最后他们发现，这些噪声是由大爆炸产生的光于近 150 亿年的时间里转化成的波引发的。

这噪声是万物起源的声响。

这无疑是宇宙起源于大爆炸这一推论的有力佐证，从而成为人类历史上最伟大的发现之一。

此后，人们通过卫星上的精确仪器对宇宙第一束光进行测量，已经能够绘制出宇宙诞生 38 万年后的地图。不过这不是星系和恒星地图，因为那时它们还没有出现。

如果你有一台旧收音机或旧显像管电视，就能听到大爆炸的声音。调节电视或收音机，让它们避免接收频道，这时你听到的噼里啪啦的噪声就是宇宙大爆炸的回声

图片来源：JORGE BARRIOS

其实，这更像是温度地图，人们可以从中看到婴儿宇宙在不同区域温度的微观差异。

图中深蓝色区域温度最低，黄色区域较高，红色区域最高。

如你所见，似乎有些事物已经开始成形，这是最早的恒星与星系的起点，我们认识的宇宙从这里开始。

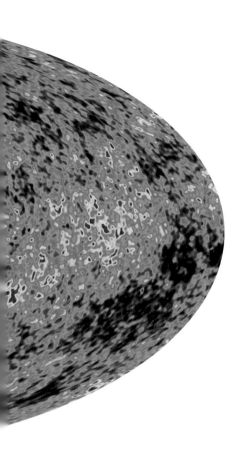

图为大爆炸发生 38 万年后的宇宙。黄色和红色的区域温度极高，蓝色区域温度较低。也就在这时，物质开始产生，也成为星系和恒星的起始

图片来源：NASA/WMAP

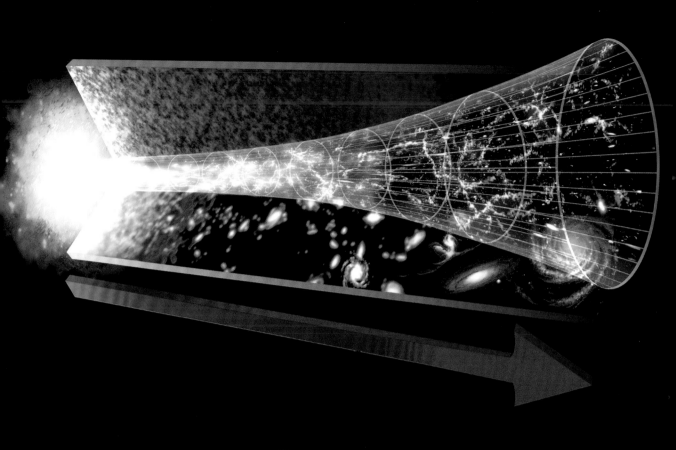

自 150 亿年前大爆炸以来，宇宙在持续不断地膨胀——甚至还在加速膨胀。10 亿年后，最早的恒星和星系诞生了。宇宙在接下来的几十亿年将继续以惊人的速度膨胀

图片来源：**NASA**

大爆炸之后

让人们相信宇宙起源于一个无限小的奇点，起源于大爆炸，还有一个重要原因。有趣的是，第一个提出这一猜想的人居然是位教士，他就是比利时的乔治·勒梅特。

1927 年，他萌生了一个天才的想法：宇宙在不断膨胀，就像一个不断被注入空气的气球。星系之间的距离越来越远，同时星系所处的空间也变得越来越大。

他开始逆向思考：在大脑里倒着回放宇宙膨胀的大电影。浩瀚的宇宙变得越来越小，越来越小，最后一切都归于一个微小的点，也就是大爆炸的起点。

当然，这绝非他的凭空想象，而是通过历史上最伟大的科学家之一——阿尔伯特·爱因斯坦发现的一种数学方法推理得到的。

乔治·勒梅特提出的宇宙膨胀这一观点很快得到了其他科学家的认同。那时，人们已经拥有了大型的天文望远镜。当把望远镜对准遥远的星系时，可以看到那里的光出现红移。

红移是遥远的星系正在高速远离我们造成的。当星系之间的距离变大，它们发出的光频率降低，光谱的谱线向红端移动；相反，如果星系越来越近，光频率升高，光谱的谱线则向蓝端移动。

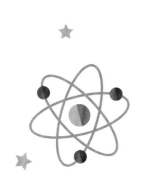

这一切都印证着一个事实——宇宙在不断膨胀，因此它至少来自一个无限小的点。

这时又会产生疑问：这个点从何而来，大爆炸前又是什么样子呢？

伟大的科学家们一直在绞尽脑汁地思考宇宙的开端。

有人认为，万物在空无中因纯粹的巧合凭空出现。有人认为，有一条隧道可以从我们的宇宙通向另一个宇宙。也有人认为，我们的宇宙是另外两个宇宙相撞形成的。

但是，怎么会有其他宇宙？我们的宇宙难道不是唯一存在的吗？

我们无法得到答案。不过有些科学家判断还有许多宇宙，他们称之为多元宇宙。没错，也许有无限个宇宙。

如果这种猜测是正确的，那么很有可能在另一个宇宙还有一个人，一个和你有着完全相同的想法和外表的人，也正捧着书读这句话。

英国著名科学家、天文学家马丁·里斯曾被问及他对多元宇宙有多确信。

他回答说，他不敢用自己的生命打赌，但他敢拿自己爱犬的生命做赌注。

也许有一天，人们会找到"万物理论"——一个统一了所有自然法则的理论，那么就可以用它来解释大爆炸及宇宙的起源。

但即使有一天，人们可以在数学的帮助下证明还有其他宇宙的存在，我们也可能永远无法看到它们，也无法验证它们是否真实存在。

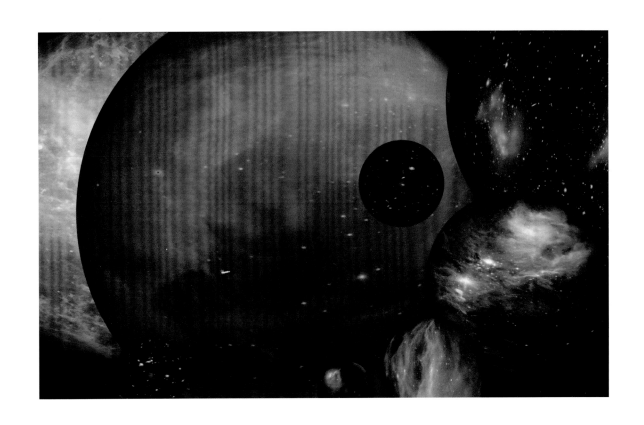

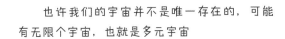

　　也许我们的宇宙并不是唯一存在的，可能有无限个宇宙，也就是多元宇宙

图片来源：**SILVER SPOON**

它们也许隐藏在我们无法看到，也无法到达的其他维度。我们的宇宙可能是无数层泡泡中的某一个泡泡。

可是，如果多元宇宙真实存在，会引发一个更大的问题：它从何而来？

最早的恒星

我们将时间快进，来到大爆炸 38 万年后，这时婴儿宇宙开始发光。

渐渐地，宇宙开始冷却，质量最轻、结构最简单的质子和中子结合起来，从而进一步形成了氢和氦气体。

这是宇宙最初的物质，氢核要比氦核多得多。因此那时的宇宙就像一锅氢核熬成的汤。

除此之外，那时没有铁，没有金，没有氧，也没有碳，因此，组成你我以及地球的所有元素都不存在。

氢和氦气体慢慢开始聚集成气体云，云层逐渐变大，直至成为巨型气体云。接着，气体云开始坍缩，充满大量氢和少量氦的气体云变得越来越重。

当某种物体变得非常非常重时，就会对其他物质产生引力。地球也是如此，由于它的庞大质量，世界上最优秀的跳高运动员也只能在跳到两米多高后落地。重物对它周围的一切产生的引力就是重力。

同理，年轻的宇宙中最早产生的气体云变得越重，坍缩得越多，密度越大，从而吸引更多自由漂浮的原子，质量也随之更重。

气体云巨大又沉重的内部温度不断升高，当它变得足够重、足够热时，中心就被"点燃"了。这时，氢原子开始发生聚变反应，释放出巨大的能量，核心温度可以上升至几百万摄氏度。

当某些巨型恒星衰亡时，它们会发生灾变性的爆发。超
新星爆发可以产生构成地球、动物和人类的物质。有的超新
星异常明亮，在它的照耀下甚至可以在夜晚读书

图片来源：**NASA, ESA** 和 **G. BACON**

就这样，最早的恒星诞生了。天文学家认为这些早期恒星都是庞然大物，它们的质量至少是太阳的 100 倍，甚至 1 000 倍，它们的辐射强度是太阳的数百万倍。

新的时代到来了。大约在大爆炸的 10 亿年后，宇宙各个角落突然涌现出不计其数的"巨型灯泡"和"能源工厂"。

体积巨大的恒星只有不到 1 亿年的寿命，在几乎燃烧完所有的氢和氦之后，就会产生超新星爆发。

在超新星爆发中，恒星会掀开整个外壳。爆发时的光度极其明亮，在数周内它的辐射强度可以超过整个星系。在恒星内部热核反应及超新星爆发过程中，产生了组成你我以及地球的大量物质，这些物质同样也是山脉、海洋、动物和植物的起源。

我们应该由衷地感谢超新星，虽然它们的爆发伴随着巨大的破坏力，但如果没有它们，也不会有我们。因此大家会说，我们来自恒星。

宇宙中有很多超新星。在银河系，2 000 多年以来有记载的有 7 颗，而在整个可见的宇宙中，几乎每秒钟就有 1 颗。

与此同时，新生的宇宙仍在继续膨胀，原始星云内部不断形成新的恒星，最终成为拥有数百万颗甚至数十亿颗恒星的星星城市。

第一个星系诞生了，这个庞大的恒星集合与我们所在的银河系一样。

在地球上空 500 多千米处盘旋着一架大型天文望远

历史上有一位了不起的天文学家——丹麦的第谷·布拉赫。他在使用精密仪器测量天空中的恒星和行星的过程中，发现了许多新的天文现象。为了纪念他，人们以他的名字命名了一个月球上的环形山。1572 年，他观测到空中出现了一颗新的恒星，并将其命名为斯特拉诺瓦（Stella Nova），意为"新星"。但几个月后，这颗新星又消失了。如今我们知道，它其实是一颗超新星——即爆发的恒星

图片来源：休斯敦美术馆

镜，这就是美国的哈勃空间望远镜。它为人类深入观察宇宙，了解久远的宇宙历史提供了巨大的帮助。

在地球大气层之上，没有灰尘、云和雨干扰视线，因此哈勃望远镜可以用于观测极其遥远的太空。

那么哈勃望远镜看见了什么呢？在它眼中是完全不同的景象：它看到了近 130 亿光年之外成千上万个形状各异、色彩斑斓的星系。也就是说，它观测到的暗淡光线是 130 亿年前发出的，只在大爆炸的十几亿年后。

哈勃望远镜拍摄到了宇宙诞生之初的景象！

如今，照片里的星系已经不复存在了，或者至少外观与当时截然不同。许多恒星早已爆发，许多新的恒星诞生，在此期间，宇宙一直在以惊人的速度膨胀。也就是说，哈

勃望远镜捕捉到的图像中的星系遗迹在 130 亿年前发光之后，就被膨胀的宇宙"拉扯"到了别处。

新的星系此起彼伏地在各个角落涌现，然而在星系内部，尤其在星系中央，发生了极其神秘的变化，这也是自大爆炸以来最奇怪的现象。

宇宙最深处。让我们来回望 130 亿年前，
也就是大爆炸十几亿年后的宇宙。照片由美
国哈勃空间望远镜于 2014 年拍摄，呈现了宇
宙中最早的星系

图片来源：**NASA/ESA**

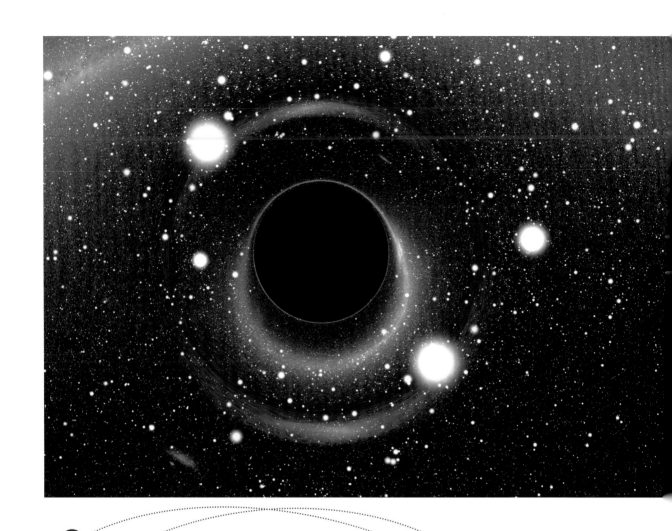

图为黑洞想象图——更准确地说是它周围的空间图。光线和物质经过黑洞的"边缘"便永远无法逃脱，时间在黑洞的边缘是缓慢甚至静止的。黑洞的引力极其强大，可以"弯曲"周围的一切事物。不久我们就可能看到黑洞的真实图像——或者更确切地说，它的边缘图像

图片来源：NASA/ESA

黑洞与时间旅行

现在请你尽可能地发挥想象力，想象一个比太阳小很多很多，但却重很多很多的球体。不过，它是完全不可见的。无论你付出多少努力，都无法看到。这就是黑洞。

之前提到过，质量极大的物体会对周围的事物产生引力。因此我们无法纵身一跃跳到太空中，相反，我们总会受到地球的重力牵绊，最终落回地面。

黑洞的引力太大了，它不仅会吞噬气体、尘埃、岩石等物体，连光也可以一并吸收。

人们称之为黑洞，是因为无论如何也看不到它。光无法从黑洞中发散出来，困在里面的光也永远无法逃脱。

黑洞是超新星的产物，具体来讲是由质量足够大的恒星在衰亡时发生剧烈爆发而产生的。太阳的质量不足以在将来成为超新星，进而变成黑洞，如果想要这一切发生，它的质量至少应该是现在的 30 倍。

当一颗大恒星变成超新星抛射掉大部分质量时，它的核心会完全坍缩，变成中子星或黑洞。

中子星的质量比最小的黑洞还要轻，而且也并非完全不可见。尽管如此，它们的质量仍然大约是太阳的 2 倍，但半径却在 10 千米—20 千米之间。因此，中子星的密度极大。

相比之下，黑洞的密度更高。假如地球是一个黑洞，它的质量换算成黑洞的体积只有一颗杏仁或榛子那么大。

　　如果将来有一天，人们发明出速度极快的宇宙飞船，可以用来考察黑洞，那时你最好还是待在家里。因为一旦靠近黑洞的"边缘"，你就会被无止境地拉长，变成一根细长的"意大利面"。

　　不过，能够接近黑洞看不见的边缘仍然令人兴奋无比。因为黑洞不仅吞噬尘埃和光线，也会减慢时间。也就是说，在黑洞周围，时间会放慢脚步。

　　这是因为黑洞扭曲了周围的空间，由于引力太大，原本的空间形状被改变了。

　　你可以试着将宇宙空间看作被压平的黏土，如果没有物质，那么黏土，也就是空间将保持平坦，像一张纸一样。

　　但是，如果黑洞存在，它的巨大质量会在黏土上形成一个大坑，空间就变成了碗状。这也意味着，如果在黏土碗的边缘上放一颗圆球，它将掉入碗中——被黑洞吞没。但如果空间是平的，这种现象则不会发生。

　　这与时间又有怎样的关联呢？

　　其实，时间和空间相辅相成，是同一事物的两个方面。你已经读到，当你仰望星空时，你同时也在回顾过去。也就是说，你和恒星之间的距离是空间和时间。你们之间有遥远的路程，也有漫长的时间。因此，人们将其统称为时空。

　　这意味着，当黑洞扭曲空间时，它同时也扭曲了时间，从而扭曲了整个时空。在人们接近黑洞的边缘时，会产生奇异的现象，由于时间被扭曲，时间流逝的速度减慢，几乎停止了脚步。

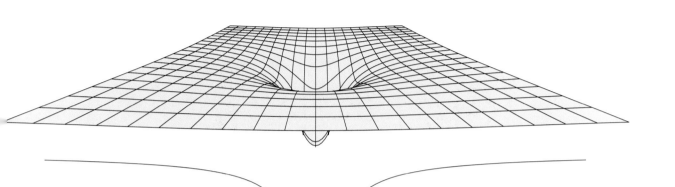

黑洞扭曲了时间和空间。时间和空间合在一起被称为时空。在图中你可以看到黑洞的巨大质量如何改变了时空，黑洞周围的时间会减慢。你一旦进入黑洞看不见的边缘，就会被黑洞吞噬

图片来源：BEN RG

如果你悬浮在太空中，看到一个宇航员即将掉入黑洞，你会发现他坠落的速度越来越慢，最后，他似乎被冻结在黑洞的边缘。即使你等上 1 000 年，他也不会掉下去。

不过，正在向下坠落的宇航员自己的体验并非如此。于他而言，时间一直在流逝，他的手表秒针也一直在向前走。不过他根本没空去想时间，他已经被拉成长长的"意大利面"，消失在黑洞之中了。黑洞让时间旅行变成可能，但前提是你必须是一个勇敢的宇航员。

你只需乘坐一艘坚不可摧的宇宙飞船飞向黑洞，在到达时，注意尽量靠近黑洞的边缘，当然也不能靠得太近，否则飞船会掉进黑洞。如果宇宙飞船有足够的动力克服黑洞引力，你不会有异样的感觉，你的手表也在正常运行。

就这样，当你终于结束 10 年的太空旅行，再次回到地球时，你如释重负，与此同时，你发现眼前已经不再是你认识的世界了。一切都发生了改变，你的家庭和朋友也已经不在了。你意识到，在你离开的 10 年，地球并非度过了 10 年，而是 1 000 年，甚至更久。你也不再处于 21 世纪，而是来到了 31 世纪。

人们可以通过自然法则，比如伟大的科学家阿尔伯特·爱因斯坦提出的诸多理论来计算并解释这些推断的合理性。但值得注意的是，科学家们曾经无数次试图证明这些法则，但屡屡遭遇失败。

黑洞里面是什么呢？

当然，现在还没有确切的答案，但许多卓越的科学家都在深入探索这一问题。他们认为，黑洞吞噬的所有物质被完全挤压在一起，位于一个点上，几乎和大爆炸起始时无穷小的奇点一样。他们还相信，时间也被"冻结"在那里。

有人推断，某些黑洞连接着通往宇宙另一个时空的隧道，这个隧道被称为虫洞——尽管它与虫子没有任何关系。还有人猜想虫洞连接着不同的宇宙。

虽然人们看不见黑洞，但它们确实存在于宇宙中，包括我们的银河系。例如，在距离地球约 3 000 光年的太空中就有黑洞存在，如果你想来一场时间旅行，那里就是你前行的目标。

人们可以发现这个黑洞的存在，是因为附近一颗小恒星的运动非常诡异，它一直在绕着看不见的物体全速"跳舞"。

这颗恒星的神秘"舞蹈"只有当它在围绕一个质量极大的黑洞旋转时才可以解释得通。终有一天，这颗恒星也将被黑洞吞噬，从而使黑洞变得更重，它也得以吸引更多的物质。

黑洞有两种：有的体型较小——比如离地球 3 000 光年远的那个黑洞，还有巨型黑洞。

宇宙中大部分星系的中心都隐藏着一个超大质量的黑洞，因为星系中心的恒星多而密，从而形成了无数黑洞，接着黑洞开始相互吞噬，最终融合。

银河系中心的黑洞几乎是一个迷你黑洞，不过它的质量仍然是太阳的 400 万倍，而位于遥远的巨型星系中心的

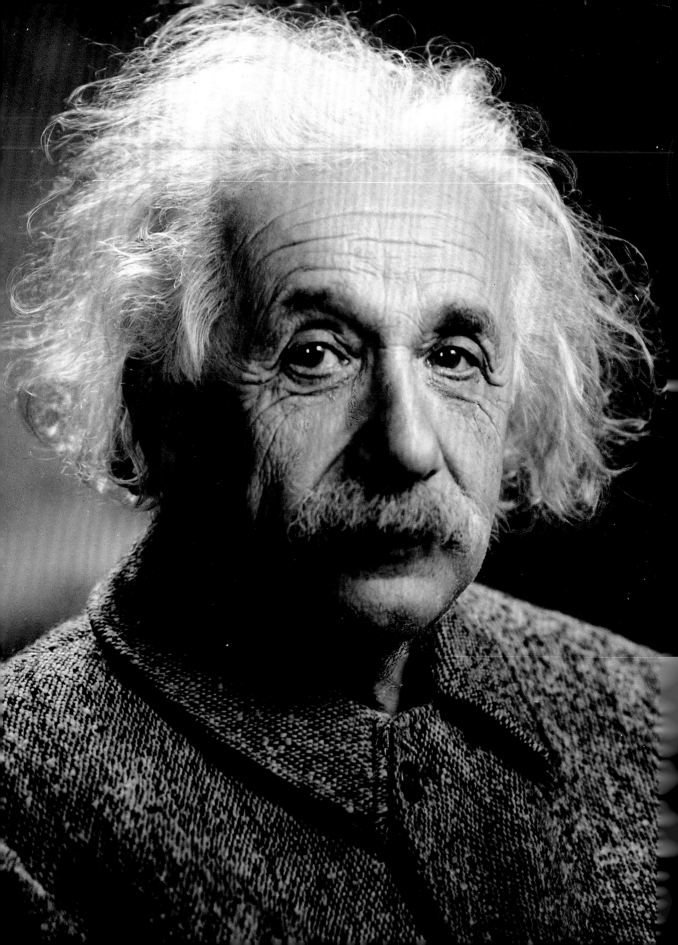

阿尔伯特·爱因斯坦是世界上最伟大、最杰出的天才科学家。在 20世纪初，他提出了相对论，可推断出黑洞和黑洞周围的时空曲率。他还发现，即使是最小的物质，其中也隐藏着巨大的能量，而且时间流逝速度也不一样。例如，你脚下的时间要比你头顶的时间流逝得慢一些，因为脚比头更接近地球及其引力场

图片来源：**NASA/ESA**

超大黑洞的质量可能是太阳的几十亿倍。

20 世纪 60 年代发现了一种可以观测到的新型天体，被称为类星体。人们可以看到它们在一百几十亿光年远的宇宙中发出的亮光，也可以说，这是从童年宇宙中新生的星系中心发出的夺目光芒。

星系中心存在着（或曾经有）大量的尘埃、气体和古老的恒星，形成了巨大的云团。巨型黑洞从尘埃云中吸收了太多物质，以至于云团开始以疯狂的速度旋转，有时速度可以接近光速。

极速旋转并压缩的巨大云团之间发生剧烈摩擦，从而产生热量——就像你使劲摩擦双手，手掌会变暖一样。

类星体中产生的能量极大，云团被加热到极高的温度。人们可以用仪器观测到它的辐射。

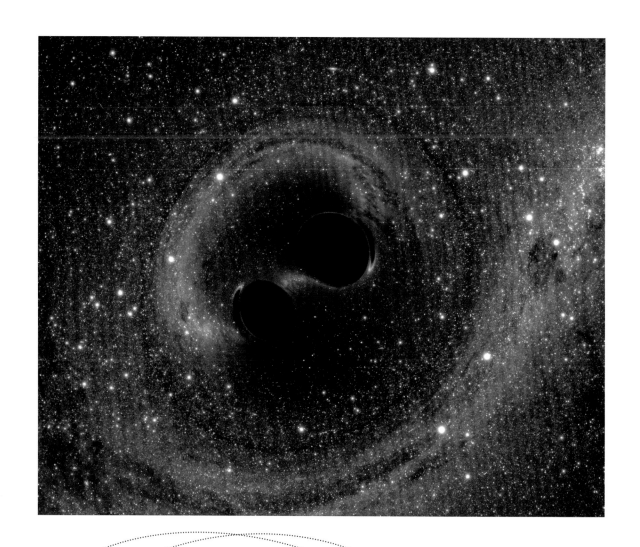

两个黑洞以螺旋轨道相互靠近，产生剧烈能量，使空间出现微小的褶皱或波动，这些能量被称为引力波。科学家们可以非常精确地捕捉并测量引力波，从而能够计算出黑洞碰撞前后的质量

图片来源：**SXS/CALTECH**

如果在你家中刚好有一台不错的望远镜，你就能通过它看到大约 24 亿光年之外的类星体，这时，你也正在回望 24 亿年前遥远的星系和它中心的巨大黑洞。

类星体是黑洞的"发光外套"，也是宇宙中最明亮的天体之一。我们可以在数十亿光年之外看见它们

图片来源：**NASA/ESA**

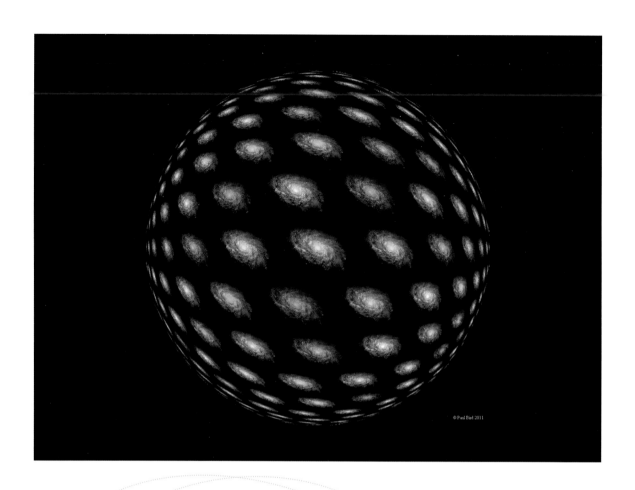

© Paul Bird 2011

宇宙看起来应该并不像气球。但是，它像不断被注入空气的气球一样在持续膨胀。因此，星系之间的距离越来越远

图片来源：DRSCHAWRZ

宇宙的尽头

到今天，广袤的宇宙已经度过了 150 亿年的漫长时光。为了更直观地理解宇宙历史，我们可以试着把 150 亿年压缩到 100 年。

按100年换算150亿年宇宙史

大爆炸 22 小时后，新生的宇宙开始发光。宇宙诞生大约 7 年后，第一代恒星和原始星系形成。

67 年后，太阳形成，大约 3 年后，地球诞生。

在这 100 年剩下不到 2 年时，恐龙成为地球霸主；剩下不到半年时，恐龙灭绝。

最早的人在非洲出现时，距离满 100 年只有 10 天。因此，人类的生命史相比宇宙而言微不足道。

这段时间里，恒星和星系不断涌现、衰亡，继而出现新的恒星和星系。与此同时，宇宙像巨型气球一样在不断膨胀。

那么宇宙到底有多大呢？它是否有人们无法逾越的边界呢？

让我们先从宇宙的大小开始讲起。我们知道宇宙有 150 亿年的历史，我们也知道宇宙中的第一束光是在宇宙诞生后 38 万年开始传播的。那么很容易猜想，宇宙的"边缘"与中心相距 150 亿光年。

如果这一表述正确，那么我们应该处在宇宙的"边缘"，而且宇宙应该有一个中心。但事实上，我们并没有接近任何边缘，宇宙也没有中心。最重要的是宇宙在持续不断地膨胀。

自从第一颗恒星在遥远的过去发出光芒，它们——或者更确切地说它们的"孩子"——已经移动到了非常非常远的地方。它们之中的一些在向我们移动，有的离我们越来越远，以至于它们的光永远无法到达我们眼中。

这是因为宇宙一直在迅猛膨胀，而且扩张速度越来越快。

你可以继续把宇宙想象成一个大气球——一只黄色的气球——然后在它上面画上数不清的黑点，每个黑点代表一个充满星星的星系。你把其中一个点涂成红色，这就是我们所在的星系——银河系。

然后你拿起气球，让你的朋友给它充气。与此同时，注意观察气球上的小红点，让它在你眼前保持不动，你会发现随着气球不断膨胀，其他的点在不断移动，它们之间的距离越来越大。

这一切发展得极其迅猛，以至于在某种程度上，宇宙膨胀的速度甚至比光速还快。也就是说，离我们最远的恒星在持续不断地远离我们——我们也在远离它们——彼此远离的速度高于光速。因此，我们永远也看不到它们，这些恒星将永恒地隐藏在无尽的黑暗中。

所以，人们所说的宇宙通常有两层含义：一层是指我们可以用望远镜看到的"小"宇宙，那里的光有足够的时间抵达我们；另一层是更大的宇宙，那里的恒星和星系发出的光将永远无法到达我们。

"小"宇宙有多大呢？答案是：借助各种强大功能的仪器，人类的观测范围已达到 100 多亿光年宇宙深处。对我们来说，这已经是无限长了。

如果你乘坐最快的火箭去那里旅行，你永远都无法抵达任何"终点"。因为就在你行进的同时，宇宙仍旧在你的前方、身后和两侧不断膨胀，你一直被它甩在后面。这将是一次漫长的旅程，你永远不会遇到任何"边缘"，也永远不会看到写着"宇宙到此结束！"的标牌。无论你走到哪里，都像是处在宇宙的中心。

那么，是否存在某种方式前往宇宙的"另一边"呢？

答案是"否"，因为那里什么也没有，至少据我们所知是这样的。

那么，宇宙是什么样子呢？它是什么形状的？

我们无从知晓。一些科学家认为，广袤的宇宙可能像一个甜甜圈或巨大的游泳圈。如果用一根"隐形"的绳子把游泳圈挂在天花板上，让一只蚂蚁在上面爬，那么游泳圈对于蚂蚁来说就是永无止境的。不管它走向何方，都能继续前进。它甚至不能绕着游泳圈转一整圈，因为游泳圈的膨胀速度要比它的行进速度快得多。即使可以，它也会回到起点。

我们的宇宙，我们的游泳圈，是唯一的存在——也

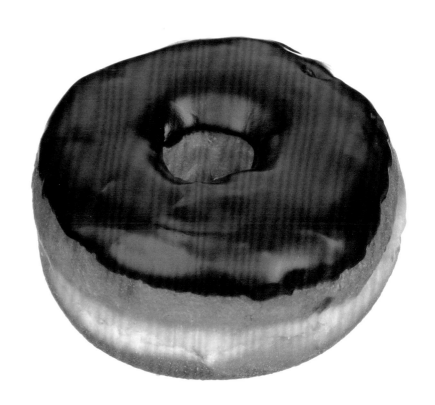

许还有不计其数的其他宇宙。如果我们能发明一台时光机，带我们回到大爆炸起点，然后再以某种方式穿越大爆炸的起点，我们也许就能进入其他宇宙，但这纯粹只是想象。

人们将促使宇宙膨胀的力命名为暗能量。称它为暗能量，并不只是因为人们看不见它，也是因为人们不知道它

宇宙是什么形状呢？是扁平的，球形的，还是像去掉巧克力糖衣的甜甜圈呢？我们只能猜测。一些专家认为宇宙应该是类似甜甜圈或游泳圈的形状

图片来源：EVAN-AMOS

到底是什么。我们只知道它无处不在，而且是推动宇宙膨胀的力量。

　　暗能量如此强大，因此科学家们认为宇宙有 73% 的部分都是暗能量，其余的部分大多是暗物质。

旋 转

你有没有想过自己飞得有多快呢？

"我不会飞呀！"躺在沙发上休息的你可能会这样认为。

但其实你无时无刻不在飞行，甚至会同时朝着几个方向移动。

首先，地球一直在绕轴自转。因此有了日夜交替，白天会变成黑夜，接着又变回白天。

地球的周长最大值约为 4 万千米，也就是说，如果你站在地球周长最长的赤道上，你将在地球的带领下每 24 小时移动 4 万千米，相当于每小时 1 667 千米的速度，比最快的客机还要快。如果你往南或往北走，比如在丹麦，

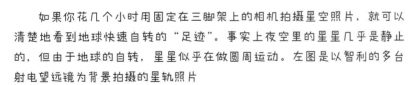

如果你花几个小时用固定在三脚架上的相机拍摄星空照片，就可以清楚地看到地球快速自转的"足迹"。事实上夜空里的星星几乎是静止的，但由于地球的自转，星星似乎在做圆周运动。左图是以智利的多台射电望远镜为背景拍摄的星轨照片

图片来源：ESO

移动得则稍慢一些，因为那里的地球周长较短。

与此同时，地球一直在围绕太阳旋转，从而有了四季更替。季节从寒冬变成酷暑，又回到寒冬。地球距离太阳1.5 亿千米，我们在轨道上极速前行，平均速度大约可达每秒 30 千米，即每小时 108 000 千米。

如果我们能有一艘速度如此之快的火箭，从地球出发只需不到 4 个小时就可以到达月球。

与此同时，你还在随着地球和太阳一起围绕银河系的中心旋转。而且，宇宙在不断膨胀，这意味着银河系正在持续地以惊人的速度远离一些遥远的星系。

为什么高速旋转的地球不会把我们甩出去呢？原因之一是地球的巨大引力。在重力的作用下你只能待在沙发上，而不会飞上天花板，仿佛地球一直在用力"压住"你，也正是地球引力确保了地球上的大气不会飞向太空。

第二个原因是地球一直保持着相同的运动速度，也就是说，一切都维持原状，因此你无法感觉到速度。

只有当地球出于某种奇怪的原因开始急剧减速或突然加速时，你才会注意到地球在转动，或许你会被一股强大的力甩到墙上。

这类似于在坐车时，司机急刹车，你的身体会不由自主地向前倾，如果没有系安全带，你很有可能会飞离座椅；相反，如果汽车骤然加速，你就会被紧紧压在座位上。

因此，我们丝毫没有察觉地球正在以每秒约 30 千米的速度绕着太阳旋转，因为它基本保持着相同的速度。

但是，为什么地球、月球、太阳和太阳系中的所有行星都没有被抛到太空中去呢？试想你手里拿着一根绳子，末端系着一块石头。你快速转动石头，速度越来越快。当你松开绳子时，石头会飞走。

答案是因为存在着暗物质。它是银河系和宇宙中所有其他旋转星系聚集在一起的原因。就像暗能量一样，人们不知道暗物质究竟是什么，只知道它无处不在，占宇宙成分的 23%。如果没有暗物质，星系就会被撕裂，恒星和行星会被抛向太空的四面八方。

科学家们希望终有一天他们能发现暗物质到底是什么。世界各地的大型实验室里的工作人员都在潜心研究。当这一难题被攻破时，我们将会对主宰宇宙的强大力量有更加清晰的认识。

银河系的邻居

按大小比例来算，各星系之间的距离要比恒星之间的距离小得多。离太阳最近的恒星在 4 光年之外，相当于把近 3 000 万个太阳连在一起的长度。

但是，如果你想从地球前往与我们最近的另一个星系，则"只"需走过大约 27 个银河系的长度，就能到达 220 万光年以外的地方。

星系通常聚集在星系集团中。星系集团的规模不等，有只包含两个星系的星系群，也有由几千个星系构成的大型星系团。星系团是由于星系之间互相吸引而产生的，因此，宇宙的持续膨胀并不会导致星系团之内的星系相互分离，但会使得相距较远的星系和星系团离得越来越远。

银河系属于本星系群，这个星系群包含了 40 多个星系，其中，银河系和仙女星系规模最大。

本星系群属于范围更大的室女座星系团，而室女座星系团包含在范围更广的室女座超星系团之内，室女座超星系团则又是拉尼亚凯亚超星系团的一部分。拉尼亚凯亚超星系团包含了成百上千个星系团，由 10 万多个星系组成，它的空间范围可达 5 亿光年。

足以让人瞠目结舌的是，拉尼亚凯亚超星系团只是宇宙中众多超星系团中的一个，每个超星系团都包含成千上万个星系，每个星系中都有几百万至几万亿颗恒星以及其他物质。

当你在宇宙中观察拉尼亚凯亚超星系团时，你会发现它连成线状，里面的巨型星系像眼睛一样闪烁着光芒。

超星系团是宇宙中最大的天体系统，没有比它更庞大且相互联结的集团。

璀璨瑰丽的星系外观各异。以美妙绝伦的草帽星系为例，它看起来像一顶宽檐的墨西哥草帽，也因此得名。不过，也许你会觉得它更像一个发光的巨型不明飞行物。

草帽星系在太空中与我们并肩而行，因此我们看到的其实是它的侧面，从而可以推断，星系并非球体，而呈扁平状。但如果我们能从它的上方或下方观察它，就能清楚地看到它也有旋臂——和银河系一样。

还有一个星系看起来像一只大尾巴蝌蚪，因此，它被称为蝌蚪星系，这是一只极其巨大的蝌蚪，仅尾巴就长达28万光年——几乎是整个银河系的3倍。人们猜想，它特别的外观，是由一个较小星系撞击而形成的。

然后是车轮星系，在它闪耀的群星中心之外嵌套着由尘埃与恒星组成的发光圆环，既像一个浅蓝色的车轮，又像一只巨大的发光水母。

离我们220万光年远的仙女星系是银河系巨大的近邻，也是我们肉眼可见的天体。仙女星系和银河系都无比庞大，但相距不远，因此一直被彼此的引力吸引，从而靠得越来越近。在大约40亿年后，仙女星系将与银河系相撞。

不过，这并不会带来巨大的冲击。因为恒星之间相距甚远，只有极少数恒星会发生碰撞。你可以想象从一个

草帽星系看起来像一顶漂浮在太空中的墨西哥草帽，又像一个发光的巨型不明飞行物

图片来源：NASA / ESA

拖着巨大尾巴的蝌蚪星系，它的尾巴可能是因两个星系发生碰撞形成的。在大约 40 亿年之后，我们所在的银河系将与我们的邻居仙女星系发生碰撞

图片来源：**NASA**

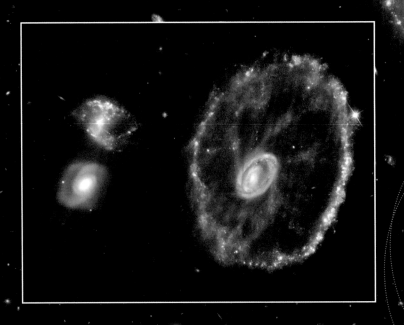

车轮星系外形奇特，直径几乎是银河系的两倍

图片来源：**ESA/HUBBLE/NASA**

1 000 千米长、1 000 千米宽、1 000 千米高的巨大体育馆两端发射两只网球。

这两只网球相撞的概率极小，与 40 亿年之后，仙女星系的 2 000 亿颗恒星与银河系的 2 000 亿颗恒星中的任意两颗发生碰撞的概率几乎一样。

相反，强大的作用力会改变恒星的分布，因此这两个巨大星系碰撞后各自原本的结构都会发生改变，所有的事物将重新分布。

在离我们缓慢旋转的银河系更近的地方，漂浮着一些矮星系，其中最著名的是大麦哲伦云和小麦哲伦云。从远处看，它们就像用颜料洒在太空的小斑点，它们的体型还不足以像银河系一样形成旋臂。

现在，让我们飞回我们所在的星系——银河系。

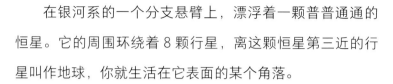

银河系

在银河系的一个分支悬臂上，漂浮着一颗普普通通的恒星。它的周围环绕着 8 颗行星，离这颗恒星第三近的行星叫作地球，你就生活在它表面的某个角落。

如果你身处丹麦或地球北半球的其他地方，那么你将无法拥有观看银河系的最佳视野。但如果你去南半球旅行——去澳大利亚、南非或阿根廷——那里的景观绝对会令你神魂颠倒。尤其当你在一个没有月亮的晴朗夜晚来到乡村，你可以清楚地看到银河系的中心，能看到银河系里几千亿颗恒星组成的璀璨夺目的银白色弧线。

假如你想前往银河系的中心——一直到隐藏在缓慢旋转的星系最中央的大黑洞，那么你必须飞行约 32 000 光年，也就是 31 亿亿千米。

如果你有一艘超级棒的宇宙飞船，它能以每小时 100 万千米的速度飞行，以这样的速度，你将能够用 20 多分钟到达月球，用 6 天多到达太阳。

但是前往银河系中心的旅程则需要 3 500 多万年。

如果你能永恒地活下去，那么旅途中的大部分时间你会感到无聊，因为通常从一颗恒星到另一颗恒星需要几千年，而你只能对着无尽的黑暗和闪烁的繁星发呆，所以最好记得提前带上大量有趣的书。

但如果你有足够的耐心，你也会在银河之旅中看到许多不可思议的景象：

比太阳大几十亿倍的红巨星；

体积虽小，但质量巨大的衰亡恒星，它的旋转速度比暴风天气中的风车都要快；

神奇美丽的蓝巨星，仿佛悬浮在太空中的巨大蓝色水滴；

围绕着两颗恒星旋转的行星。

当你接近银河系中心时，星云和尘埃云越来越紧密，你的眼前将闪现越来越多的星星。最终，你会看到一个巨大的发光圆盘——一个由恒星、气体和尘埃组成的圆环，在以极高的速度绕着黑暗的中心旋转。

这就是银河系中心的黑洞，一个看不见的庞然大物，它的质量大约是太阳的 10 万倍，所以你最好离它远一点儿。

回想 100 年前，人们曾以为银河系是整个宇宙，银河系就是一切。大家不知道宇宙中还存在着不计其数的其他星系，而每个星系都有几百万甚至几万亿颗恒星。如今，据估计大约有上千亿个星系，而这也仅局限于人类观测到的宇宙。

发现在宇宙中有无数个像银河系一样的巨大星系的是美国天文学家埃德温·哈勃。

1924 年，他借助当时世界上最大的天文望远镜，测算出了地球与仙女星系的距离。当时人们以为仙女星系只是银河系中的一团尘埃云，人们称之为仙女座大星云。

埃德温·哈勃发现我们与仙女座大星云的距离极其遥远——这个距离甚至是银河系直径的好几倍，因此他推断

在银河系中旅行，你会遇到许多磁星。它是恒星死亡之后的沉重残余，在太空中不停旋转并发射出电磁辐射。磁星半径只有 10~20 千米，但质量却是太阳的几倍

仙女座大星云一定是一个星系。随后，他发现了更多更遥远的星系。

这位杰出的天文学家改变了我们对宇宙的认知，他的这一发现扩展了宇宙地图，为宇宙学研究做出了卓越贡献。

为纪念他的丰功伟绩，美国国家航空航天局（NASA）将世界上最大的太空望远镜命名为哈勃空间望远镜。本书也收录了几张由哈勃空间望远镜拍摄的精彩照片。

接下来，请你掉头返航，飞回太阳系和地球。在你经过银河系的悬臂时，你会路过一个值得停下来游览的地方，眼前的景象会令你瞠目结舌。

因为在这里，在瑰丽的色彩和尘埃的阴影中，新的恒星和行星诞生了。

哈勃空间望远镜是人类在太空中的眼睛，它在地球距地面500多千米的上空盘旋，长约13米，重约11吨。宇航员曾几次升空对它进行修复

图片来源：**NASA**

恒星的诞生

从远处看，眼前的景象有些许狰狞恐怖——仿佛一个幽灵朝着星星举起它几乎透明的手。但与此同时，这也是你能想象到的最壮观绚丽的景色。

银河系这个布满尘埃和繁星的鹰状星云被称为创造之柱，距离我们大约 6 500 光年。也就是说，地球上的我们看到的是它 6 500 年前的样子。如果我们能在太空中看到它，一定会是另一番震撼的景象。

"幽灵之手"由 3 根尘埃和气体柱或者说"手指"组成，它们无比巨大，最长的一根位于左侧，长达 4 光年。也就是说，这是一根大约 40 万亿千米长的尘埃指。当然，天文学家不会把它们称为手指，而是尘埃柱。如果你仔细观察，就可以看到柱状物内部的小亮点，这是新生的恒星发出的光。

也许 50 亿年之前，太阳、地球，以及太阳系中所有的行星和卫星都在与此类似的区域诞生。

大部分尘埃和气体都是大恒星爆炸产生的。恒星爆发时，会向宇宙抛出大量可以形成新恒星和行星的物质。

如果你再靠近一些，进入其中一个尘埃柱，就能明确地看到恒星和它的行星是如何诞生的。

在部分区域，尘埃要比其他地方更稠密。渐渐地，这里的尘埃和气体坍缩成一团，于是引力开始发挥作用，大块状物将大量小块状物吸引过来。

哈勃太空望远镜拍摄的"创造之柱"照片是有史以来最著名的太空照片之一。在这 3 座巨大的塔或尘埃和气体的指尖内，新的恒星和行星正在形成。最长的手指大约有 40 万亿千米长

图片来源：**NASA/ESA/HUBBLE**

最终，你会看到由尘埃和气体组成的致密云团，它的中间是一个体积巨大、重量惊人的块状物。像太阳一样的恒星就从这里起源。

当大块状物吸引到越来越多的物质时，整个云团开始旋转，速度越来越快。就像一个滑冰运动员，他可以通过挥动手臂让身体在冰面上转得越来越快。

最后，中央的块状物变得如此之大，接着被点亮了。也就是说，它如此沉重，因此启动了巨大的恒星引擎。这种现象随处可见，当某种物质被充分挤压，它就会变热。

这时，质量轻的氢原子融合在一起，产生了另一种原子——氦。当这种情况发生时，恒星会产生惊人的能量。它的内部温度可达上千万摄氏度，表面可达数千摄氏度。

当恒星开始旋转时，它会引发一场强劲的风暴，将尘埃云和能量抛入太空。它的旋转速度也渐渐减慢。与此同时，在这颗婴儿恒星周围，产生了一个巨大的吸积盘。

渐渐地，宽大的圆盘变成了多个较小的尘埃盘或环。由于引力的作用，这些环会收缩成较大的块状物。这些团块最终会变成围绕恒星运转的球状行星。

最后形成行星的块状物要比形成恒星的块状物小很多，因此它们无法被点燃。

事实上，恒星和行星最大也最重要的区别就是行星质量太小，不足以变成恒星。

当然，行星或卫星能变成球形也需要一定的质量限制。

引力可以使行星从最初的块状物变成球体。但如果质

图为新生恒星周围逐渐形成行星的过程。在恒星外环绕着
由尘埃旋转而形成的宽大圆盘。圆盘逐渐分成多个尘埃环，进
而聚集成大块状物，最终演变成像地球一样的行星

图片来源：**NASA/JPL-CALTECH**

量太小，则无法产生足够的力将周围的物质拉向中心，使其变圆，它就会变成不规则的形状。这些天体的质量甚至可能比地球轻 1 万倍。

不过，对于恒星来说，则没有质量和大小限制。

尽管太阳很大很大——半径是地球半径的 100 多倍——但与最大的恒星相比，它仍然微不足道。

我们所知道的银河系中体积最大的恒星——盾牌座 UY 距离我们约 9 500 光年，直径约为太阳的 1 708 倍。

也就是说，如果把它放在太阳所在的位置，它将会吞没太阳系木星轨道以内的所有行星，地球也将完全处于它的中心区域，成为它的大型能源工厂的一部分。

如果盾牌座 UY 周围有行星绕转，那里应该没有生命。生命的进化需要时间，而在这之前，这颗巨星也许已经爆炸。

像盾牌座 UY 这样的红超巨星在成为超新星爆发之前只能存活几百万年。相比之下，太阳已经存在了 50 亿年，并将在未来更长的时间里继续发光发热。

体型较小、温度较低的恒星寿命非常长。这种恒星被称为红矮星，它们在宇宙中很常见，比太阳更为普遍。

天文学家在观察银河系中的恒星时，发现恒星发出的光并不总是白色或黄色的，还有许多其他颜色。

不同颜色表面的温度不同。有趣的是，蓝色恒星温度最高，而红色恒星温度最低，这和我们厨房里蓝色和红色的冷热水龙头正好相反。

现今资料显示，最热的恒星为人马座 WR102，表面温度高于 20 万摄氏度，而太阳的表面温度则只有 5 700 摄氏度。

　　尽管如此，太阳仍然可以为 1.5 亿千米以外的地球提供足够的热量，从而让生命舒适温暖地生活于此。

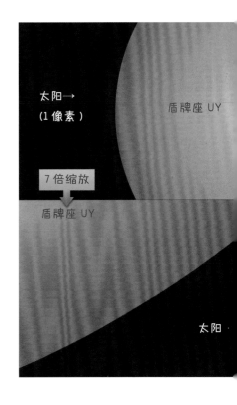

　　与超级巨星盾牌座 UY 相比，太阳就如同沧海一粟。盾牌座 UY 是人类已知的最大的恒星

第二部分

太阳系

现在，我们来到了银河系的小小角落——太阳系。

太阳系从中心到边缘大约有 140 000 亿千米，

光需要一年半才能走完全程。

太阳系是以处于中心的太阳命名的。

被太阳强大的引力吸引的一切物体都属于太阳系。

也就是说，这里所有的行星及其卫星、

矮行星、小行星、石块、彗星以及尘埃和气体，

都属于太阳系。

水星 金星 地球 火星 木星 土星 天王星 海王星 行星

谷神星 冥王星 妊神星 鸟神星 阋神星 矮行星

图片来源：NASA

太阳系就是你和我生活的世界。也就是说，这里的所有物质都围绕着太阳转动。从图中你可以看到行星、矮行星与太阳的位置关系以及相对大小比例（各天体距离并未按照实际比例绘制）。在 17 世纪早期，德国天文学家约翰尼斯·开普勒发现了行星围绕太阳运动的规律，他把其写进行星运动三大定律，也称开普勒定律，到现在依然适用。根据第一定律可知，行星并非围绕太阳做完美的圆周运动，它们的轨道呈椭圆形

太阳系的边界

1977 年，美国国家航空航天局向太空发射了空间探测器——"旅行者" 1 号，它是迄今为止离地球最远的航天器。截至我 2017 年初夏写这段话的时候，它已经飞行了近 210 亿千米。

2013 年 8 月，经过近 36 年的旅行，它的飞行总长达到了地球到太阳距离的 140 多倍。

美国国家航空航天局的科学家能追踪到它的位置，因为它偶尔会向地球发送微弱的哔哔声。不过，即使这种信号以光速传播，也要花大约 19 个小时才能到达地球。

与此同时，"旅行者" 1 号仍在以每小时 64 000 千米的速度飞向遥远的恒星。如果在数百万年后的某一天，外星人发现了这个来自地球的孤独旅行者，他们将能够进入这个无人航天器，找到来自我们人类的问候。

这是一张可以用老式留声机播放的金唱片。如果他们能找到播放唱片的方法，就可以听到人类用不同语言表达的问候，能听到优美的古典音乐和摇滚音乐，还可以通过照片看到曾经的地球景象。

还有一张显示地球在银河系中位置的地图。所以如果他们能读懂，也许有一天他们会来拜访我们。

当"旅行者" 1 号离开太阳系时，太阳的光线已经如此微弱，以至于它看起来几乎与太空中的其他恒星一样，只是稍微大一点儿，也略微清楚一些。

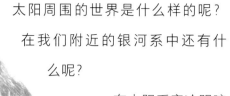

太阳周围的世界是什么样的呢？在我们附近的银河系中还有什么呢？

在太阳系寒冷阴暗的最边缘，坐落着矮行星阅神星，绕它转动的是小卫星阅卫一（又称戴丝诺米娅）。它在 2005 年才第一次被人类发现，当然，这是因为它离地球实在太远了——相距大约 150 亿千米。

阅神星属于柯伊伯带。柯伊伯带是一个巨大的环，由大小不一的冰块和

地球人向外星人发出的问候。图为"旅行者"1 号在漫长的太空旅程中携带的金唱片的背面。如果外星人能读懂这些图画，他们就能找到地球在银河系中的位置

图片来源：NASA

50 亿年前太阳系形成时的吸积盘碎片组成。如今已有约 1 000 个柯伊伯带天体被发现，直径从数千米到上千千米不等。

其中最大的矮行星是冥王星，其实在 2006 年之前，它一直被认为是一颗行星。但在那一年，世界各地的天文学家在一次大型会议上决定，把冥王星从行星范围内除名，并将其划分为矮行星。

其中有诸多原因，但最重要的是天文学家认为冥王星作为行星不够大也不够重。而且在 2005 年，他们发现了与冥王星差不多大小的阅神星。他们没有选择将阅神星归为行星，而是划分出新的天体系统——矮行星。

在 2015 年以前，人们还没有冥王星的任何特写镜头。随后，美国国家航空航天局发射的空间探测器"新视野"号飞掠这个冰冻的小星球，人们也由此看到了这个红棕色矮行星上高耸的冰山、辽阔的冰原和深邃的峡谷。

冥王星拥有一颗巨大的卫星——卡戎星。但由于它的体积太大，离冥王星太近，因此它与冥王星是在各自的轨道上环绕共同的中心旋转。

现在，让我们继续朝着太阳前进十几亿千米——飞向第一颗真正的行星。这就是风暴肆虐的寒冷的蓝色星球——海王星，它质量是地球的 17 倍。

海王星离地球太过遥远，直到 1846 年才首次被发现。也同样由于它离太阳太远，因此自它被发现以来，只绕着太阳转了 1 圈多一点儿。因为海王星上的 1 年大约相当于地球上的 165 年。

海王星和它的邻居天王星、土星和木星一样，属于气态行星。大气中的甲烷气体是使它呈现蓝色的主要原因。因此，它其实并没有可以让人们站立的固态表面，只有浓密的冷气云，不过在星球深处，有足够的冰层。

飞到距离海王星太近的地方并不安全，因为云层里的风暴极其强烈，风速可能超过每小时 2 000 千米。

至 2006 年，人们已经发现了海王星的 11 颗卫星，其中最大的是崔顿（又称海卫一）。有趣的是，那里分布着火山，更确切地说是间歇泉，把尘埃和气体喷射到稀薄的大气中。

在离太阳更近的 28 亿千米处，漂浮着太阳系的第三个行星——天王星。它与海王星非常相似，但它表面的蓝色更加均匀。这里的风不多，气体均匀地覆盖在星球周围。它至少有 27 颗卫星。

现在，让我们朝着太阳系真正的巨行星前进。

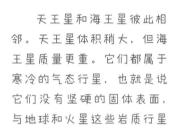

天王星和海王星彼此相邻。天王星体积稍大，但海王星质量更重。它们都属于寒冷的气态行星，也就是说它们没有坚硬的固体表面，与地球和火星这些岩质行星不同

图片来源：**NASA**

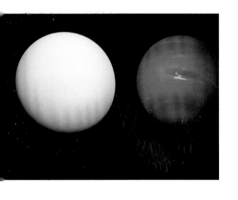

巨行星

你看到本页的图片了吗？在我心中，这是有史以来在太空中拍摄的最震撼的照片之一。

我们处在距离地球约 13 亿千米的地方，眼前是巨行星、土星及由小石块和小冰块组成的美丽行星光环。在土星的边缘，你可以看到太阳的光芒。这张照片是由著名的美国"卡西尼"号探测器于 2013 年拍摄的。

在图片的右下角有一个指向小光点的箭头，当然，这

图片右下角箭头所指的小亮点是地球。这张照片是由美国"卡西尼"号探测器于 2013 年拍摄的。当时，"卡西尼"号正位于土星及其巨大光环的后方，它距离地球约 13 亿千米

图片来源：NASA / JPL-CALTECH / SPACE SCIENCE INSTITUTE

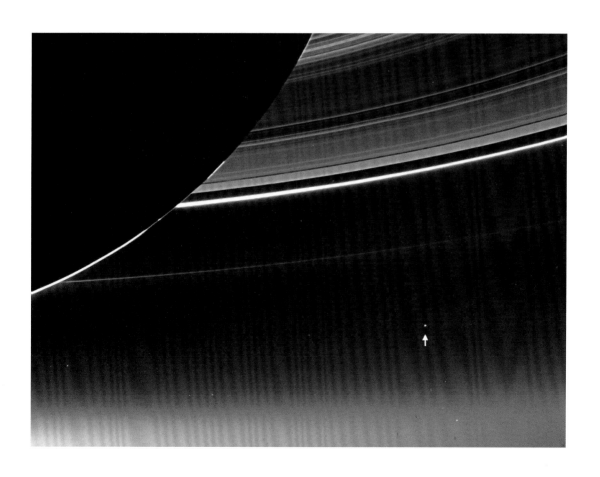

个箭头并非真的在太空中，而是美国国家航空航天局加上的，以便我们能更快地找到这个小光点。

这个小光点正是地球。它那么小，毫不起眼，只是太空中一颗普普通通的星球。

尽管如此，它仍然是我们唯一的家园，孕育过一代代人。国王和女王、石器时代的人和流行歌手、总统和将军、学生、农民和天文学家……他们都曾生活在宇宙中这颗渺小的尘埃颗粒上。

也许在遥远的未来，我们会在另一颗星球上定居。

不过，土星永远不会成为我们的家。这颗冰冷的星球体积约为地球的 744 倍，但质量却不到地球的 100 倍。这意味着如果把土星放在一个巨大的海洋里，它将漂浮在水面上。这是因为它主要由氢构成。

在土星的上方，氢呈气态，但再往下，它们被压缩成了固体。在土星的周围，环绕着由小冰块和小石块组成的美丽行星光环。

土星至少有 56 颗卫星，其中很多体型都很小，不到 10 千米。但是，它最大的卫星——泰坦星（又称土卫六）绝对令人叹为观止，它的体积比太阳系中最小的行星——水星还要大。

泰坦星不仅是我们所知道的唯一一个拥有大气层的卫星，它周围有很多"空气"，同时它也是我们所知道的除地球之外唯一一个拥有海洋和湖泊的星球。在泰坦星上，海洋中流动的并不是水，而是和汽油类似的液态甲烷和乙烷。

这是人们想象中土星最大的卫星泰坦星表面的景象。除地球之外，泰坦星是太阳系中唯一一个表面有湖泊和海洋的星球。这里海洋中的"水"类似汽油。在"水"中可以看到欧洲探测器"惠更斯"号，它于 2005 年降落于此处

图片来源：**NASA**）

泰坦星上也会下雨，不过它下的是"汽油"雨。

2005年，欧洲的"惠更斯"号探测器从母船"卡西尼"号太空探测器上分离，被发射到泰坦星上。

人们期待它穿过浓密的卫星云层，它确实做到了——随后便成功着陆。在电池耗尽之前，"惠更斯"号于着陆前后向地球发送回多张图像。从这些略显模糊的照片中，你可以感觉到褐色的河流、小山脉和海滩。而在"惠更斯"号着陆的正前方，散落着大大小小的橙褐色石头。

很难想象在泰坦星冰冷的湖泊、河流和海洋中有生命存在。但我们不能排除这种可能性，因为这个陌生的卫星上有大量组成生命的重要元素。

土星还有另一颗卫星，比泰坦星小得多，但在很多方面它更令人兴奋。这就是恩克拉多斯（又称土卫二）。它看起来像一个白色的大雪球，表面覆盖着厚厚的冰雪。有时，卫星上类似间歇泉的地质结构会从冰层的裂缝中喷射出蒸汽和冰质粒子。

"卡西尼"号探测器在飞越蒸汽的过程中对其进行了分析。在蒸汽的帮助下，人们测算出在恩克拉多斯厚厚的冰层下隐藏着温暖深邃的海洋，而且不能排除那里也有生命存在的可能，也许是细菌，也许是鱼类或螃蟹。或许恩克拉多斯就是太阳系中最有可能存在生命的星球，当然，除了地球之外。

让我们继续朝着太阳的方向进发。再飞行大约6亿千米，我们就抵达了真正的太阳系行星之王：气态巨行星木星。它的体积是地球的1 300多倍，而它的质量超过太阳

2005年，欧洲的"惠更斯"号卫星将这张泰坦星表面的照片传回地球。这是世界上第一张月球之外另一颗行星的卫星表面照片

图片来源：**ESA/NASA/JPL**

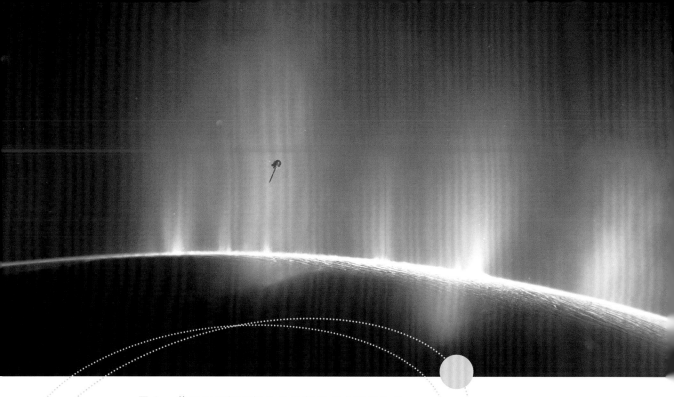

图中，美国国家航空航天局发射的"卡西尼"号探测器正在飞越从土星第六大卫星恩克拉多斯的冰层裂缝中升起的粒子和蒸汽。激动人心的是卫星厚重的冰层下隐藏着海洋，那里也许有生命存在

图片来源：**NASA**

系除太阳外其他天体质量总和。

在地球上生活的我们应该感谢木星这个庞大的邻居。由于它巨大的引力，木星像"吸尘器"一样"清扫"着它附近的太空，也将临近地球的大型石块和彗星收拢在自己周围。

因此，这些小天体通常不会撞击地球，而是被木星的引力捕获。

1994 年，人们用望远镜观测到一颗巨大彗星的 20 多块碎块以每小时 20 万千米的速度轰鸣着冲向木星，最大的碎块在木星表面留下了宽 1.2 万千米的大坑。

与此同时，撞击产生的蘑菇云高达 1 000 千米。据天文学家估测，这次爆炸的破坏力相当于 2 000 亿吨 TNT 炸药爆炸。如果这颗彗星撞击了地球，那么大多数生物都将灭绝。

木星本身也积蓄着巨大的能量。这颗巨行星的一天只有不到 10 个小时，因为它的自转速率比太阳系的其他行星都要快。

木星表面有一个巨大的风暴气旋。人们用天文望远镜观测到，在过去 350 年的时间里，它的最大风速可达每小时 600 千米。这个风暴的宽度约有 14 000 千米，就是木星表面最具标志性的 "大红斑"，即南半球独特的橙棕色风暴气旋。

像土星一样，木星最有趣之处其实是它的卫星。

这颗巨行星至少有 63 颗卫星。其中的 4 个体积巨大，我们在地球上用普通的天文望远镜就能看到。它们分别是盖尼米德（木卫三）、卡利斯托（木卫四）、伊奥（木卫一）和欧罗巴（木卫二）。最后一颗卫星欧罗巴是以希腊神话中的公主的名字命名的，欧洲大陆也与她同名。

盖尼米德是太阳系中最大的卫星。伊奥看上去就像一块发霉的黄色奶酪，这里有 400 多座大火山，不断将硫化物和灰烬喷射到高空。而欧罗巴是最令人兴奋的，许多科学家认为，就像土星的卫星恩克拉多斯上可能存在生命一样，欧罗巴上也可能孕育生命。

2000 年，美国国家航空航天局发射的 "卡西尼" 号探测器拍摄了这张木星和它的两个卫星的照片。左下方的小圆球是卫星卡利斯托（又称木卫四），木星前方的亮点是卫星欧罗巴（又称木卫二），它的体积与月亮相仿。你能清楚地看到木星上的风暴 "眼睛"，它的大小是地球的两倍多

图片来源：NASA-JPL

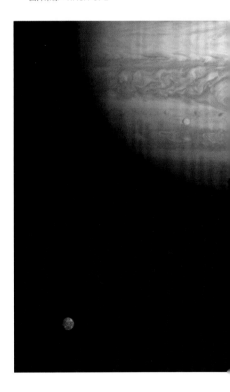

欧罗巴的表面看起来像一个带条纹的光滑的溜冰场。冰面有时会裂开，与卫星内部的碎石和沙子混合在一起。

人们估计，冰面至少有 10 千米厚，下面是由液态盐水组成的海洋。这里的海水可能比地球上所有海洋的总和还要多，因为欧罗巴的海洋可能深达 100 千米。

海洋的热量来自木星对欧罗巴的巨大引力，这就是潮汐能。人们也相信在欧罗巴的海底有火山。甚至有迹象表明，有时温暖的海水，或者说沸水，会冲破冰层，将水蒸气释放到太空中。

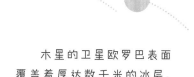

木星的卫星欧罗巴表面覆盖着厚达数千米的冰层，但在冰下，隐藏着深不见底的巨大的海洋，在海洋里很可能有原始生命

图片来源：JPL/NASA

我们无法深入观察欧罗巴的深海。但我们通过在地球上的研究知道，细菌等微生物可以在艰苦的条件下生存。例如，科学家在地球南极冰层下完全孤立的寒冷湖泊中发现了小型生物。因此，人们猜测在欧罗巴厚厚的冰层下很有可能也存在生命。

人们憧憬在未来能开发出超级智能的迷你潜艇，它可以钻透冰层，探索下面的海洋。如果这一愿望可以实现，我们就能最终确定这颗木星卫星的巨大溜冰场下是否存在生命，还是它只是一片空旷冰冷的大海。

但是，如果有一天我们真的在欧罗巴的深海里发现了生物，我们又该怎么称呼它们呢？应该叫它们欧罗巴人吗？

在木星卫星欧罗巴的冰下海洋里是否存在怪物呢？2013 年，一部关于这颗神奇卫星的科幻电影上映了，在电影中，一名宇航员掉入冰下，得到了惊人大发现。电影海报：《欧罗巴报告》，2013

来自太空的威胁

　　2013 年 2 月 15 日，在俄罗斯的大城市车里雅宾斯克发生了一场令世界震惊的事件。

　　早晨，一缕比太阳光还强烈的光芒照亮了冬日蔚蓝的天空。随之而来的是一声震耳欲聋的巨响，千家万户的玻璃被震得粉碎，厚重的烟雾从天际连到地表。

　　约 1 500 人因被玻璃碎片划伤前往医院寻求救助。

　　亮光、巨响和烟雾来自一个直径约 20 米、12 000 吨重的流星，它以每小时 60 000 多千米的速度从俄罗斯南部上空坠落。它与稠密的大气层摩擦并发生了巨大的爆炸。后来，人们在城外的森林里发现了许多烧焦的陨石碎片。

　　这就是俄罗斯上空大流星形成的烟雾。在那之前不久，它以比太阳光更强烈的闪光在大气中爆炸

图片来源：**NIKITA PLEKHANOV**

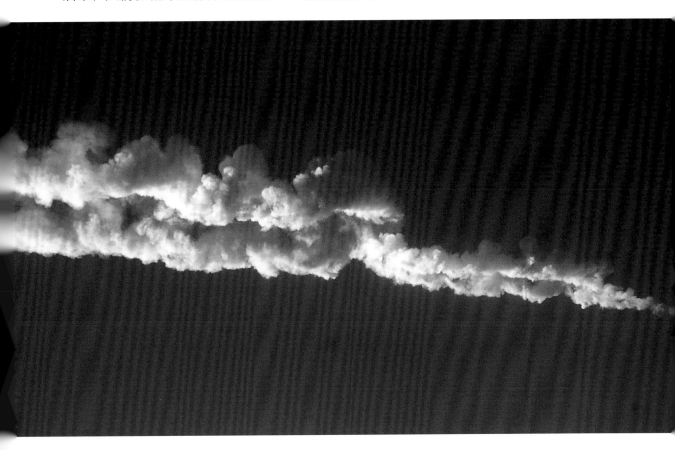

这颗流星来自小行星带。小行星带位于火星和木星之间，由几十万个大大小小的小行星组成。最小的和鹅卵石相仿，最大的有上千千米宽。

小行星是 50 亿年前太阳系最内层的行星和卫星形成时遗留下来的岩石和金属。可惜人类只对其中体型较大、直径在 1 000 米左右的小行星有所了解，而对直径几百米以下的绝大多数小行星几乎一无所知。

但其实人类非常需要对它们有更深入的了解，因为一些小行星会偏离自己的轨道，从而有撞击地球的危险。

这意味着，如果一颗直径为 100 米的小行星现在正在朝地球飞来，等我们能观测到它时为时已晚。

幸运的是，这样大小或比它更大的小行星撞击地球的情况并不常见。

但历史表明，小行星可以对地球生物造成巨大的破坏。

在 6 500 万年前，地球曾经历了一次猛烈的撞击。这颗小行星坠落到现今北美洲的墨西哥附近。在巨大的撞击中，它在地表形成了一个直径 100 千米、深 30 千米的陨石坑。与此同时，撞击引发了剧烈的地震、海啸和火灾，摧毁了方圆 2 000 千米范围内的一切。

但其实最糟糕的是撞击卷起了大量尘埃和烟雾，在进入地球大气层后，它们形成了一层厚厚的面纱，挡住了阳光。此后多年，暗无天日的地球变得异常寒冷。

这对于当时的地球生命无疑是致命的打击。大概四分之三的动物灭绝，其中一个种群——恐龙，受到的影响最为严重。它们已经称霸地球近 1 亿年，但这次灾难几乎让它们全部走向灭亡。只有一些有羽毛的小型恐龙存活下来，它们后来进化成了今天的鸟类。

其实今天的印度在那时也曾发生大规模剧烈的火山爆发，但给生物造成致命威胁的仍是这颗小行星。

不过，我们应该为这次小行星撞击地球感到高兴。因为生活在当时的一些小型哺乳动物幸存了下来。随着时间的推移，其中一部分进化成了猿猴，还有一部分进化成了人类。

所以如果小行星没有撞击地球，恐龙可能仍在统治地球，而像你我这样的人类也许不会存在。

但是，如果我们发现有一颗直径为 1 千米的小行星将在 6 个月内撞击地球，我们该怎么办呢？

有人认为我们应该在它袭击地球之前用核武器轰炸它。但问题是它分散开的成百上千个大大小小的碎片可能会在不同的地方撞击地球，造成更棘手的灾难。

所以最好的办法可能是用力将它推到旁边，改变它的方向。不过，这实施起来要比人类想象的难度更大，因为当一颗可能重达数百万吨的行星以闪电般的速度极速坠落时，想推动它无疑需要极其强大的推动力，几乎是不可能实现的。

也有人认为可以用喷漆将小行星涂成白色，或者给它覆盖一层巨大的白色外衣。这是因为它们的轨道是由它们反射光的多少决定的——就像一面镜子。如果它们变成白色，就会反射更多的光，它们的运动轨迹也会有所改变。

可是，要想成功，人们必须提前几个月喷涂给地球造

大约 6 500 万年前，一颗小行星撞击地球，导致恐龙灭绝

成威胁的小行星，油漆工宇航员或油漆工机器人必须被派往遥远的太空去执行这一危险任务。

幸运的是，地球的大气层可以保护地球免受较小天体的影响。当布满繁星的天空有绚烂的流星划过时，我们可以尽情享受这一美景。这稍纵即逝的闪亮弧线是小流星与地球大气摩擦燃烧留下的痕迹。

有时，流星在穿过大气层后仍有没燃尽的碎片留存下来，最终落到地表，它们就是陨石。

陨石极为罕见。由于它们是太阳系形成以来的远古遗迹，具有很高的研究价值，因此，它们价值不菲，很受人们欢迎。

所以，如果你看到流星从天际划过，就赶紧开车，去寻找太阳系起源时期的珍贵碎片吧。

有些小行星富含大量金属。因此，一些公司想派宇宙飞船去这些小行星所在地淘金。有人甚至想把一些小行星推到地球附近，这样就可以更轻易地派遣宇宙飞船去寻找可能存在的稀有金属

图片来源：**NASA**

飞行的雪球

历史上最具冒险精神的太空任务之一耗时10多年才完成，它的目的地是位于火星和木星之间的一个最大直径大约只有4千米的脏"雪球"。

这颗"雪球"是一个彗星，也是太阳系中伟大的旅行者之一。

彗星沿着环绕整个太阳系的漫长轨道运行。当它接近炙热的太阳时，它覆盖着尘埃和冰的部分就会熔化，蒸汽和灰尘升起，形成长长的、美丽的、发光的尾巴。我们偶尔可以在夜空中欣赏到这一景象。

执行彗星探测任务的探测器被称为"罗塞塔"号，于2004年发射升空。历时10多年后，它终于实现了它的小目标，通过"罗塞塔"号的照相机可以看到，这颗彗星看起来像一只鸭子——由两大块灰尘和冰块连接在一起。

随后，"罗塞塔"号开始环绕这颗彗星飞行。2014年秋天，"罗塞塔"号携带的"菲莱"号着陆器从母船分离，最终着陆。

不过，一切并没有计划得那么顺利。这颗小彗星几乎没有引力。如果你站在上面，你的重量将不到1克，甚至感觉不到任何引力束缚，可以轻松一跃进入太空。

因此，原本为它设计的用来抓地的鱼叉系统在触地时并未起效，最后"菲莱"号在翻滚跳跃了许久后才降落到

2014年，人类的飞船首次在遥远太空中的小彗星上着陆。这颗简称为67P的彗星最大直径只有约4千米，形似一只鸭子，又像一只鸡腿。彗星是原始太阳云的残余物，包含了孕育生命的原始基石

图片来源：ESA

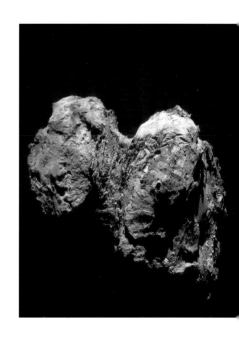

一个昏暗的裂缝里。由于没有足够的阳光，它的太阳能电板无法发电，所以没过多久，它的电量就耗尽了。

幸运的是，它已经尽可能地将一些测量数据和图像传给了"罗塞塔"号，并由它传回地球。无论如何，这次着陆都是成功的尝试，在历史上，人类从来没有能够将飞船降落在如此之小又如此之远的星球表面。

这次彗星探测计划是欧洲空间局策划执行的。但他们去那里的目的是什么呢？

原因是，彗星保留了太阳系形成初期的物质，不仅如此，在它们柔软的表面上留存有产生生命的必备成分。当然，这并不意味着彗星上存在生命，我们几乎可以肯定那里没有生命的迹象。但是通过研究彗星，我们可以对原始

彗星有着长长的尾巴，在夜空中看起来异常美丽。当彗星靠近太阳时，它表面的冰和灰尘蒸发，明亮的尾巴就会出现

图片来源：SOERFM

物质有更深的了解，也正是这些物质孕育了地球上的第一个生命。

我们知道，在彗星撞击地球时，新生的地球还很午轻。也许曾经有几百万颗彗星和小行星撞向地球，它们为地球生命的起源提供了养料，而且以冰雪的形式，为地球带来了辽阔的海洋。地球上的大部分水最初被困在岩石深处，后来在漫长的岁月里逐渐从底部上升到地表。

"菲莱"号探测的"鸭子"彗星来自寒冷遥远的柯伊伯带，也是冥王星的所在之处。其中最著名的是哈雷彗星，它将在 2061 年回归，那时的夜空景象一定极其壮观。

但是，有些彗星的运动轨道特别长。它们来自一个遥远神秘、完全不为人知的地方。可能在 1 光年之外，也就是说在我们与比邻星约一半的距离处。

这里被叫作奥尔特云。人们猜想，有成千上万的彗星漂浮在这片漆黑的太空中。

奥尔特云的彗星很少能进入太阳系，也许，神秘的第九颗行星也存在于此。没有任何人曾见过它，但科学家们依旧相信它的存在，并且估测它一定又大又重。

这样猜想的原因是：在冥王星附近的柯伊伯带内，一些天体的运动轨迹十分怪异，仿佛有什么东西在拉扯它们。人们认为，这种拉扯力有可能来自一个大行星的引力，因此第九颗行星存在的可能性很大。

天文学家甚至计算出它的重量大约是地球的 10 倍，与太阳的平均距离约 1 000 亿千米。

自从人们推断这颗行星一定存在以来，全世界的天文学家都试图用大型天文望远镜寻找它，但却非常困难。在太过遥远的地方，这颗行星只是无尽黑暗中的一个深灰色的点。

但也许几年后，人们就可以找到它了，那时，太阳系也不再只有八颗行星，而是九颗，就像过去一样。

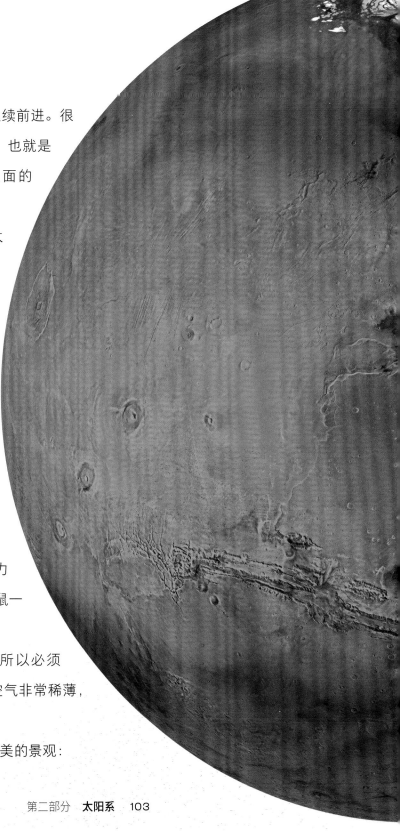

红色星球

现在让我们朝着太阳的方向继续前进。很快我们就会到达第一个岩质行星，也就是说，一颗和地球一样，有固体表面的行星。

这颗红色行星——火星，是太阳系中与地球最为相似的行星。尽管这里常年气温很低，但在炎热的夏日，温度也可达到适宜人类居住的27摄氏度。如果人们从红色沙子里向下挖掘，可能会十分幸运地找到冷冻水。

火星的质量大约是地球的十分之一，因此它的引力并不大。如果你在地球上受到的重力为50牛，那么在火星上受到的重力就只有19牛。因此，你可以像袋鼠一样跳得又高又远。

但在这里你无法正常呼吸，所以必须穿上宇航服才能生存。火星上的空气非常稀薄，而且几乎没有氧气。

不过，透过头盔，你将看到壮美的景观：

广袤无垠的沙质平原、宽阔深邃的陨石坑和早已熄灭的巨大火山。最大的环形山叫奥林波斯火山，它高 27 000 米，是太阳系天体上已知最高的山。

如果你用望远镜望向太空，就能看到它的两颗小卫星。较大的卫星福博斯（又称火卫一）距离火星表面仅有 6 000 千米。福博斯形状并不完全是球体。较小的卫星被称为戴摩斯（又称火卫二），它体积非常小，很难观测到。

如果你开车在火星上游览，要小心不要开到峡谷的边缘。火星上有一个深达 8 千米，长约 3 000 千米的大峡谷，几乎等同于从挪威北部到非洲的距离。它是整个太阳系中最深最长的峡谷。

在其他地方，人们似乎找到了干涸的河流和湖泊。这并非巧合。

火星上有太阳系中最长、最深的峡谷，它长约 3 000 千米，深达 8 千米

图片来源：**NASA / KEVIN GILL**

一切迹象表明，火星地表早期曾存在液态水。人们估测，当时这颗红色行星的表面有五分之一的面积被海洋和湖泊覆盖。由于当时大气层较厚，可以储存太阳的温暖，因此温度也要比现在高。

这颗行星不够大也不够重，它的引力不足以吸引大气留在它的周围，火星的大气层逐渐消失在太空中。这样一来，大部分水也消散在了太空中，由于气温降低，其余的水结成了冰。

有科学家认为，在火星年轻时，上面可能有过生命。也许火星上的生命早于地球生命出现，也许，地球上的原始生命其实来自火星。

在太阳系还很"年轻"的时候，小行星的数量远比今天要多，巨大的石块在行星间飞来飞去。因此，时常发生的情况是，沉重的小行星在撞击火星之后，火星碎片被抛入太空，随后落在地球上。如果其中一些碎片携带了火星上的微生物，那么这些生命很有可能是火星送给地球的礼物。

当然，我们现在还无法确切知道地球生命的起源。但我们知道，一些微生物可以适应十分艰苦的环境，因此很可能在太空长时间的飞行中幸存下来。与此同时，科学家们在地球上也发现了多块火星岩石。

人们确信这些岩石来自火星，因为火星车在这个星球发现的岩石和灰尘组成非常特别——和从地球上找到的这几块岩石一模一样。

除地球之外，火星是人类最了解的行星。自 20 世纪

从图中，你可以看到"好奇"号火星探测车穿过火星沙地后留下的车轮轨迹。车轮之间的距离约为2.7米。在未来的几十年里，人类一定可以行走在这片橙红色的土地上

图片来源：NASA/JPL-CALTECH/MSSS

60 年代以来，人类已经向火星发射了 40 多艘航天器，许多次任务以失败告终，但仍有部分探测器成功降落。其中一些探测器甚至携带了火星车，直到现在，仍有火星车在火星飞扬的尘土中行驶。

例如，美国研制的火星"好奇"号几乎和普通汽车一样大，已经在火星上行驶了 15 千米。它通过照相机和分析仪器，发现火星表面那个巨大的深坑——盖尔陨石坑，可能曾经是一个淡水湖。

"好奇"号在地球上科学家的控制下，通过摄像头找到了通往盖尔陨石坑最安全的驾驶路线。也就是说，这位"司机"要尽量避免陷入沙土中，避免撞击大石头，也要避免掉入沟壑里。

等科学家们最终找到安全的路线，就通过无线电向"好奇"号发出指令。

地球距火星很远，因此即使人类发出的无线电信号指令以光速传播，也需要 15—20 分钟才能被"好奇"号的天线接收。

人类到目前为止从未踏足火星，但这只是时间问题。我们在稍后的章节中再详细讲解。

"好奇"号是一辆大型机器人探测车，自 2012 年 8 月以来一直在火星上行驶。它长 3 米，宽 2 米。这辆车由核动力驱动，携带有摄像头、机械臂、一个钻头和许多可以测量岩石、沙子和空气成分的仪器等

图片来源：NASA

炙热的世界

让我们继续启动宇宙飞船朝太阳行进。在途中，我们会匆匆经过月亮和地球，但我们的目的地是太阳的第二颗行星——金星。当你抵达时，你一定会后悔刚才没有在地球上安全着陆。

金星可能是你能想象到的最恐怖的炼狱。你一旦降落在这里，就会被极其厚重的大气压碎，你的骨头都会被强大的压力轻易折断。而且这里的温

金星的体积比地球稍小，是太阳系中最热的行星，表面温度高达 460 摄氏度。整个星球都被厚重的气体覆盖，这些云层造成了强大的温室效应

图片来源：**NASA**

度极高，可以熔化金属铅。

同时，空气中的硫酸还会腐蚀你的衣服和皮肤。

为了生存，你可能想要尝试在金星的高山之上降落，因为你觉得那里的大气比较稀薄。

但其实，山上的情况更糟。尽管那里没那么热，但在金星最高的山脉和火山上，可能会滴落高温的金属雨。

虽然金星比地球更接近太阳，但即使在中午，这里也是一片昏暗。稠密、炙热的厚重大气层使这个星球成了纯粹的地狱。这也是对人类的严重警告。

二氧化碳气体是导致金星表面温度高达 460 摄氏度的主要因素。而二氧化碳也是人类在地球上燃烧煤炭、石油和天然气以供应热能和电力时排放的主要气体。

卫星可以利用雷达"透视"金星浓密的云层。这是美国"麦哲伦"号金星探测器拍摄到的高 8 千米的马特蒙斯火山照片。人们估测在金星的高山上可能会"下雪"，但这种雪其实是金属

图片来源：NASA

二氧化碳是一种温室气体，大气中这种气体的含量越多，星球就越像一个无法发散太阳热量的温室。二氧化碳可以捕捉热量。因此，不断增加的二氧化碳含量导致地球正在经历日益严重的全球变暖。而在金星上，情况完全失控了。这里的二氧化碳含量太大，以至于金星比它的邻居——水星要热得多，尽管水星离太阳更近。

人们不知道为什么金星的大气层中充满了令人窒息的温室气体。

也许在遥远的过去，金星上曾有一个辽阔的海洋。随着时间的推移，太阳的热量使海水开始蒸发，向空气中释放了大量的二氧化碳。与此同时发生的剧烈火山爆发，也使得大量温室气体进入大气中。在这些因素的共同作用下，金星变成了一颗炙热的星球。

20 世纪 60 年代，苏联发射的两个探测器成功进入金星大气且降落在金星表面。它们能够承受酷热。它们在失效前短暂的几小时之内，测量到厚重的大气中几乎都是二氧化碳，地表温度接近 500 摄氏度。

金星的奇特之处还在于它会绕轴"向后"旋转——也就是说，它与除天王星以外的所有其他行星的自转方向相反。而且，它的自转速度比你所知道的其他行星都要慢，需要地球上的 243 天才能自转一周，因此一个金星日等同于 243 个地球日。

它的缓慢自转直到今天仍然是个谜。但许多天文学家认为，它在婴儿时期可能被一颗直径为数百千米的小行星撞击，从而停止了旋转。此后，它就开始向相反的方向转动。

有趣的是，金星绕太阳公转一周的时间只有 224.7 天。因此，金星上的一年是 224.7 天。也就是说，金星年要比金星日短。或者更直白地说：金星上的一年比一天还要短。

金星的体积几乎和地球一样大，从远处看非常明亮。这是因为覆盖整个星球的是浓密大气层。这对我们来说是一个好消息，因为我们可以更好地从地球上观测它。

如果你知道金星在天空中的位置，那么即使是在白天，你也有可能在蓝天中找到这个小亮点。在夜晚，它比其他所有恒星和行星都耀眼，只有月亮比它更明亮。

金星没有卫星，那么现在就让我们飞向同样没有卫星的水星吧！

水星是太阳系中最小的行星，甚至比土星最大的卫星土卫六和木星最大的卫星木卫三还要小，它的体积可能不到地球的十八分之一。

水星离太阳很近，如果你想从地球飞到太阳，那么当你到达水星时，已经走了大约三分之二的路程，因此水星的地表温度也很高，但热量的分布却非常不均匀。部分原因是水星没有像地球和金星那样的大气层来保存热量。

在水星中部面朝太阳的一面，它的最高温度可以达到450 摄氏度，但在两极周围，由于没有阳光的照射，温度可能低到零下 180 摄氏度，这大约是地球上测量到的最低气温的两倍。

在地球上大型仪器的帮助下，天文学家检测到在水星最冷最暗的区域，分布着深邃的陨石坑，底部是冻结的冰。

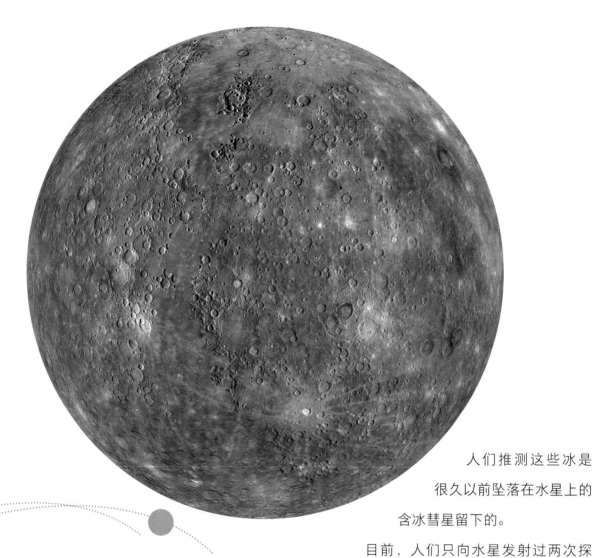

最靠近太阳的行星水星与地球的卫星月亮十分相似：地表干燥，布满了远古时期天体撞击留下的陨击坑。虽然水星局部地区的温度可达450摄氏度，但依旧有冰隐藏在阳光无法照到的深邃黑暗的陨石坑底部

图片来源：**NASA-APL**

人们推测这些冰是很久以前坠落在水星上的含冰彗星留下的。

目前，人们只向水星发射过两次探测器，因为要把探测器送到这里是极其昂贵、极其困难的。当探测器到达终点时，它必须能够承受太阳强烈的炙烤。

不过，仅有的两次太空之旅依旧揭示了这个小行星的许多秘密。人们发现它的表面与月球相似，也就是说，那里极其干燥，布满了大大小小的陨击坑。其实，地球上也曾有许多陨击坑，但后来几乎都被火山爆发、地震、雨水和风暴抹去了。

水星上的所有环形山都是以伟大的艺术家的名字命名的。例如：那里有莫扎特环形山、贝多芬环形山和毕加索环形山。

接下来，让我们抓住机会，前往整个太阳系最大的"超级发电厂"。

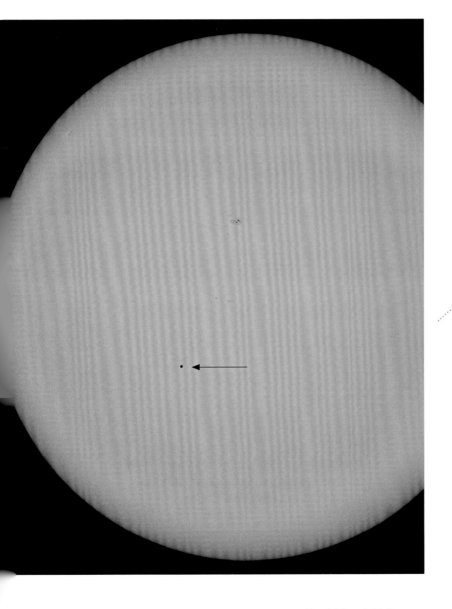

图中的小黑点是经过太阳的水星

图片来源：ELIJAH MATHEWS

太阳

如果太阳突然熄灭，地球上会一片漆黑，只有遥远的星星会闪烁。我们甚至连月亮都看不见，因为月光其实是月球反射的太阳光。

地球上的温度将骤降，会比你想象的还要冷，直至零下 270 摄氏度，只比理论上的最低温度高几度。

因此，地球上所有的海洋都将冻结成冰，所有的植物和动物将走向灭亡，我们的地球将变成一个完全笼罩在黑暗中的冰冻行星。

太阳体积是地球的130万倍。幸运的是，在接下来的几十亿年中，太阳将继续发光发热

图片来源：**NASA/SDO**

好在这种情况不会发生。至少在太阳和地球漫长的寿命之内不会发生。

因此，我们拥有的一切几乎都是太阳的馈赠。我们要由衷地感谢它。

人类很难直视太阳，更无法用望远镜观察它，因为阳光太强烈，可能会刺伤眼睛。但天文学家有特殊的仪器，可以用来研究我们的大恒星，甚至可以通过某种方式看到它的内部。

天文学家通过测量日震，即太阳地震中发出的波来观测太阳。日震如同地球上的地震，但更为剧烈。

通过这种方式，人们可以看到炙热的恒星物质像沸腾的热粥中的气泡一样从太阳火热的内部升起。这种恒星物质叫作等离子体。

太阳的内核是一个巨型引擎，它源源不断地将氢原子聚变成质量稍重的氦原子。这个过程被称为核聚变，发生在约 1 500 万摄氏度的高温下。每秒大约有 6 亿吨的氢参与反应，相当于在这个极其巨大的熔炉中每秒燃烧总重量

太阳与它的行星相比极其巨大。上面两颗大行星是木星和土星，中间一排是天王星和海王星，最下面一排从左到右依次是地球、金星、火星和水星

图片来源：**LSMPASCAL**

相当于 5 亿辆汽车总和的气体。

值得庆幸的是，太阳中的氢含量无比巨大，在将来的几十亿年内不会耗尽。太阳与它的行星相比完全是个庞然大物，它的体积是地球的 130 万倍，质量是太阳系中 8 颗行星总质量的 700 多倍。

当太阳内部的能量经过漫长的时间终于到达太阳表面时，它们就被释放出来，辐射进太空。

太阳辐射的大部分光线都是肉眼不可见的，比如紫外线。这种光线对我们来说危害极大，不仅会把我们晒伤，还可能导致难以治愈的皮肤癌。

幸运的是，地球周围包裹着厚厚的物质——大气层——它能很好地过滤大部分紫外线。与此同时，地球还有一个看不见但无比强大的磁场，它能使许多危险射线改变方向，从而不会"侵袭"地球。地球的磁场是地球内部熔融的金属相互摩擦产生的。

太阳有时会爆发，在它表面产生剧烈爆炸，向太空释放巨大的能量，从而引发太阳风暴。如果风暴正对着地球，那么它将会在三到四天后袭击我们。

通常情况下，太阳风暴并不危险，它会在地球北极和南极附近的夜空显现美丽的绿色光芒，人们称其为极光。这是太阳风暴带有的大量高能带电粒子与地球大气中的原子发生碰撞产生的夺目光芒。

但是如果有一天产生格外强大的太阳风暴，地球也会陷入巨大的灾难。

首先，太阳风暴携带的强大能量可能摧毁地球周围数

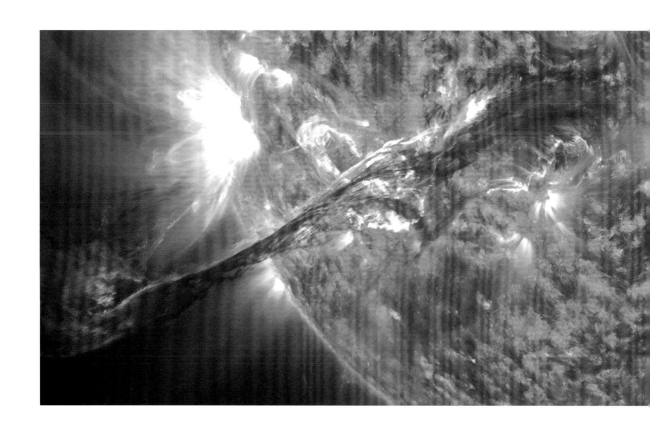

图为太阳爆发的景象。大量太阳物质以太阳风暴的形式被抛向太空。如果太阳风暴袭击地球，两极附近的夜空会闪现绿光。在更严重的情况下，太阳风暴可能会摧毁电子设备并导致电网瘫痪

图片来源：NASA GODDARD SPACE FLIGHT CENTER

千颗人造卫星上的精密电子设备，这将导致我们的电视、手机和 GPS 导航无法正常接收信号。

若太阳风暴到达地球表面，情况会更糟。太阳风暴会"袭击"电网，使很多地方停电或电路瘫痪，可能需要几周的时间才能恢复供电。

1859 年就发生过一次剧烈的太阳风暴，它如此强劲，在美国北部，人们几乎可以在夜晚伴着强烈绿光阅读报纸。

那时，人们还在用电报交流。电报是电话的先驱，需要用挂在电线杆上的长电线把美国各地和许多其他国家连接起来。多个地方的电线受到了太阳风暴的电流干扰，个别地区的电报设备甚至发生了火灾。

而如今，我们在频繁使用更多的电子产品——电脑、手机、平板电视等等。

　　现在，让我们沿着照射到水星和金星的太阳光返回月球。

　　在地球上，你可能会非常幸运地看到夜空中太阳风暴的产物——极光

图片来源：**KRISTIAN PIKNER**

地球的大卫星

你可曾想过地球的卫星——月亮是怎样形成的吗？为什么天上的月亮离我们这么近，只要用普通的天文望远镜就能看到它表面的陨石坑呢？

其实月球的起源并不美好，它与地球漫长历史中经历的最严重的灾难有关。

在 46 亿年前，地球诞生后不久，就被一颗与火星大小相当的行星——忒伊亚撞了个满怀。

还好当时地球上没有任何生命。但即使有，也会在瞬间消亡。这场撞击如此剧烈，整个地球开膛破肚，忒伊亚也被撞成了碎片。

大量滚烫的岩石和灰尘被抛射到太空中，这些残骸最终聚集在一起，形成了月球。

在月球刚刚形成时，它离地球很近，也许只有 2 万千米远。如今，它离地球的距离是当时的 20 倍。所以，如果你能回到那时仰望天空，一定能看到震撼人心的月亮景观，你几乎觉得伸手就能触碰到它。

如今，月亮看起来仍然很大。在满月时，月亮更是显得尤其大。当然，月亮的大小不会变，我们只是被自己的眼睛"欺骗"了。

如果你在一个晴朗的夜晚用普通的天文望远镜观察满月，一开始你会眼花缭乱，因为月亮光实在太亮了。但等到眼睛适应了光线，你就可以清楚地看到它布满尘埃的表

月球表面积略小于亚洲面积，上面布满了远古小天体撞击留下的坑。月球总是以同一面朝向地球，直到 1959 年苏联发射了一颗月球探测器，人们才第一次真正探索到月球。这张图是月球的正面

图片来源：NASA

面上有不计其数的环形山。

　　我们必须感谢月亮——并不是因为它总是一道美丽的风景，点亮漆黑的夜空，而是因为月球会引发潮汐，也就是涨潮和落潮。如果你站在丹麦日德兰半岛的西海岸，就能看到海水每隔 6 小时在海滩上涨得很高，接着再从海滩上退去。

这是因为月球具有相当大的引力，在地球自转的同时，它对地球各处引力不同导致水位周期性升降。许多人认为，如果月球没有引起潮汐，使海滩和海岸出现干湿交替，那么地球上生命的发展轨迹也会出现很大的不同，甚至人类和许多其他动物都不会出现。

自从人类进化出发达的大脑并开始制造和使用工具，我们的先辈就无时无刻不梦想着登上月球。1969 年，三名美国宇航员搭乘小型太空飞船在航行了 4 天之后，其中两名通过登月舱降落在月球表面。此次任务被称为"阿波罗"11 号任务，耗资数十亿美元。在数十万名先驱者的共同努力下人类终于实现了这一愿望。

第一个踏上月球的人叫阿姆斯特朗，紧随其后的是宇航员奥尔德林。当阿姆斯特朗终于踏上月球遍布尘埃的土地时，他说：

"这是我个人的一小步，但却是全人类的一大步。"

人类第一次登上了月球！这句话也迅速传遍了全世界。

但是，登上月球的两名宇航员的目光被远处的地球深深吸引了。在尘土飞扬的月球上，他们可以俯瞰我们美丽的蓝色星球，并真切地感受到在广袤的宇宙中它是多么渺小。这使得他们和后来的宇航员清楚地认识到，我们必须悉心爱护我们的地球，因为这是我们唯一赖以生存的家园。

月球的引力只有地球的六分之一。这意味着即使宇航

图为月球上的"日出"景观。这张照片是 1968 年 12 月美国"阿波罗"8 号飞船绕月飞行时拍摄的，是著名的摄影作品之一。从这张照片中，人们可以清楚地看到，地球其实是一颗脆弱的小星球，我们必须格外爱护它

图片来源：**NASA / BILL ANDERS**

宇航员尤金·塞尔南是在 1972 年"阿波罗" 17 号载人登月期间从月球车上跳下的。在那次任务中，宇航员在月球上行驶了约 36 千米，他们收集了超过 100 千克的月球岩石标本

图片来源：NASA

员在月球上需要穿上笨重的宇航服来保暖和呼吸，也可以轻松地跳得很高，或者把球扔得很远。

在1971年的"阿波罗"14号载人登月任务中，一名宇航员偷偷将高尔夫球带上了月球。他一挥杆，球就飞了近200米远。

到目前为止，已经有12名宇航员登上了月球，最后两名是在1972年登月的。在最后3次任务中，宇航员带着电动月球车。他们可以驾车越过沙丘，前往数千米之外的大型陨石坑边缘。但是由于月球上的重力较小，他们在开车时必须非常小心。

当宇航员返回探月飞船后，他们发现身上满是月球上的灰尘，后来，他们发现这些灰尘里有火药的味道。

人们推测这种气味来自远古时代的天体撞击。如果你用两块打火石互相撞击，它们就会擦出火花，并产生烧焦的味道。在地球上，这种气味会随着刮风下雨消失。但在月球上既没有风也没有雨，所以灰尘中的气味也留存了数百万年。

科学家通过研究月球岩石标本，发现月球的确是由行星忒伊亚与地球碰撞形成的，因为月球岩石与来自这两个星球的岩石成分十分相像。

在过去，人们以为月球上有海洋。因此大家把黑暗的、像海的区域叫作"海洋"，而把明亮的、更像山的地方称为"陆地"。例如，最早登月的宇航员降落在月球的"静海"，但这里其实只是一个平坦又干燥的平原。

月球上厚重的尘埃来自古老的天体撞击，猛烈的相撞把月球上的岩石捣成了粉末。

但事实上，人们相信在月球上太阳无法照到的深邃陨石坑底部也存在冻结冰，就像水星一样。所以，如果有一天，有人想在月球上建造一所房子，在这里生活数月或数年，也许他可以去坑底收集冰，并将它融化成生命之源——水。

但是，这里的房子必须具有良好的保护性能。月球上几乎没有大气，因此也没有含氧的空气。而且这里的温度跨度极大，当太阳在中午照耀时，温度可以上升到120摄氏度以上，而在晚上，则会下降到零下180摄氏度。同时，月球也接连不断地受到太空中危险辐射的侵扰。

也许现在又是人类重返月球的时候了。上一次登月，在那里漫步和开车已经是很久以前的事了，以至于有些人开始怀疑人类是否真的到过那里。他们开始猜测这一切只是美国编造的大骗局，美国只是想向世界展示它有多伟大。

曾经，世界上第二个登上月球的人奥尔德林，与一个不相信他上过月球的人相遇。这名男子公开挑衅，称奥尔德林是"骗子和小偷"。这些话语激怒了这位老宇航员，他刺伤了那个人的头。

人类当然登上过月球，甚至有一个人被埋葬在那里。

美国地质学家尤金·苏梅克是研究月球环形山的专家。1997年，苏梅克因车祸去世。1999年，一艘探月飞船搭载着他的骨灰前往月球，将他永远埋葬在了那里。

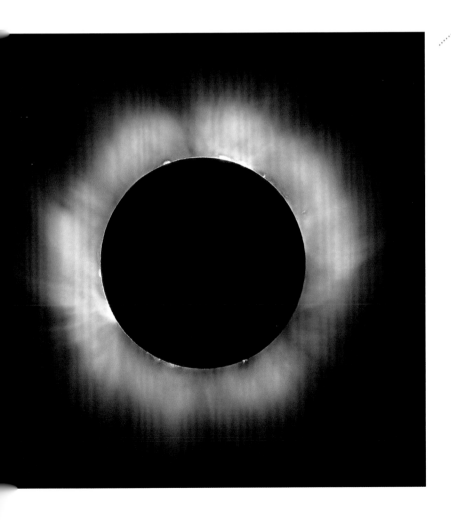

在地球上的部分地点，太阳光可能被月亮全部遮住，出现日全食的景观，但它出现的间隔时间很长。太阳的直径约为月亮的 400 倍，而它与地球的平均距离正好也是月亮与地球平均距离的 400 倍，因此在极少数情况下，月球可以将整个太阳遮挡几分钟。对一个地区来说，日全食平均 300 多年才能看到一次

图片来源：**NASA**

蓝色星球

地球是一个奇妙的星球，它不仅仅是你我居住的地方，更是一切生命——所有人类、所有动物、所有植物生活的家园。它是我们所知的唯一一个有生命存在的星球。

从太空中看地球，它就像漂浮在太空中的一块璀璨的蓝宝石。

我们的地球主要是蓝色的，因为它超过三分之二的表面被海洋覆盖，海水平均深达数千米。地球上的白色区域一部分是两极附近的冰川，但大部分是水蒸气聚集成的云，它们将雨雪洒向地球的每一个角落。

地球上也充满了绿色，这是青草、树木、藻类和其他植物汇聚成的颜色，它们在生长过程中制造出可以供动物和人类呼吸的氧气。

这些都是我们所知道的生命产生的先决条件：水、热、氧气、具有保护功能的大气。

但是，如果地球的大小与现在有所不同，如果地球没有处在现在的位置，这一切也许都不会存在。

如果它的体型更大，可能会成为一颗像木星或土星一样的气态行星，没有固体表面，周围包裹着浓密的有毒气体；如果它的体型比现在更小，它的质量也许就不足以吸引对生命来说必不可少的大气。

此外，地球与太阳的距离也堪称完美。

既不太远，也不太近，刚刚好。否则，我们地球上的

为什么我们的星球被叫作地球，而不是"水球"呢？超过三分之二的地球表面被海洋覆盖，海洋的平均深度为 3.8 千米。图中的大陆是北美洲，它的左边是太平洋，右边是大西洋，在最上边你可以看到北极的海冰和格陵兰岛的内陆冰

图片来源：NASA

水可能大都不是液体，而是会变成蒸汽或冻结成冰。

不过，地球并非一直都是这样。当它在 46 亿年前刚刚诞生之时，这里极其炎热，大型火山持续喷发使得地球表面覆盖着炽热的岩浆。在地球终于冷却下来时，大轰炸开始了。太空中的小天体接连不断地撞击年轻的地球，地壳再次熔化。

但是，含冰的天体给地球带来了水，地球开始慢慢降温。后来海洋出现了，最原始的岩石大陆也形成了。

大约在 35 亿年前，第一个原始生命出现。它也许来自另一个有生命存在的星球，伴随着流星来到地球；或许它起源于海底火山爆发时来自地球内部的滚烫热液。这些热液物质含有构成生命的基本元素，生命的火花很可能于此点燃。

那时，地球上还没有非洲、欧洲、美洲、大洋洲或亚洲，也就是说这些我们熟悉的大陆还没有形成。大陆和海洋以完全不同的形式存在。

接着，原始大陆开始迁移——到现在仍然如此。在地壳下面，火热的熔融岩浆喷涌而出，导致大陆板块缓慢移动。它漂移得很慢，每年只移动几厘米，但在数百万年后，几厘米逐渐累积成数十千米，最终变成了数百千米。

在地球诞生的最初几十亿年里，只有海洋里有生命。虽然像鱼、乌贼或螃蟹这样的动物还没有出现，但那里聚集着不计其数的细菌和藻类。然而，在大约 7 亿年前，这些生命几近灭绝。人们猜测当时的整个地球完全被冰雪覆盖，变成了一颗大雪球。人们称之为雪球地球。

发生这种现象的原因尚不明确。也许是因为巨大的火山喷发形成了一层厚厚的尘埃和气体，使阳光无法穿透云层，照射在大地上。

幸运的是，地球的温度渐渐回暖，冰雪融化，海里开始出现"真正的"动物，包括原始鱼类。它们之中有的渐渐迁移到陆地上，逐渐进化成了青蛙和恐龙。

大约在 3 亿年前，地球上的所有大陆都连在一起，属于同一个超级大陆——泛大陆。但之后，大陆板块开始漂移，现在的南美洲与非洲分离开，北美洲离欧洲越来越远。大西洋变得越来越宽阔。

直到今天，这些大陆还在继续移动。每年，欧洲和北美洲之间的距离都会增加 2 厘米左右，在人类漫长的一生中，它们会远离 1 米多。

如果你仔细观察地球仪或世界地图，你就会发现非洲和南美洲的海岸几乎像拼图一样可以完美地衔接在一起。

与此同时，那时地球上的火山爆发也十分频繁。它们虽然危险，但也有无穷的创造力，因为火山喷发会缓慢地塑造新的陆地和岛屿。

比如，关于冰岛的成因，科学家有这样的推测，随着欧洲和北美洲的距离越来越远，海床被撕裂，地球内部沸腾的熔岩从巨大的水下火山喷发，最终形成了这座硕大的岛屿。

所以，地球的强大生命力不仅仅在于生活在这里的动物和植物，还体现在诸多方面。大陆板块的不断分离与挤压形成了新的陆地和海岸，也塑造了连绵起伏的山脉。

1 亿年前，欧洲和非洲远离北美洲。此后，大西洋慢慢形成了

图片来源：GUNNAR RIES

图为太平洋上的美国夏威夷岛的基拉韦厄火山喷发出熔岩。整个夏威夷都是火山爆发形成的

图片来源：JIM GRIGGS/USGS

我们应该为此感到高兴。因为如果没有不断被创造的新陆地，生命也可能不会孕育。无论如何，那将是一幅完全不同的景象。

大约 6 500 万年前，一颗巨大的小行星撞击地球，导致了恐龙的灭绝。这次灾难却给小型哺乳动物创造了生存的机会。随着时间的推移，其中一些哺乳动物进化成了猴子，另一些进化成了类人猿，在几百万年的漫长岁月里，终于变成了拥有智慧大脑的人类。

像你我这样的现代人最初出现在非洲，生活在距今 25 万年~4 万年，在接下来几千上万年的时间里，他们借助

从太空中，你可以清楚地看到夜晚时分地球上居住的智慧生物——人类点亮的万家灯火。图为南美洲和北美洲，包括美国的大城市

图片来源：**NASA**

长矛和石器走遍了全球各地。

随着时间的推移，我们的祖辈用勤劳与智慧发展农业，建造大城市，并深入思考在闪烁的星星上是否居住着外星生物。

1957 年，人类终于向太空迈出了第一步。

第三部分

联　系

广袤无边的宇宙有太多的可能性，
在漫长的历史中也有数以亿计的机会可以孕育生命。
但是，我们如何才能知道数光年之外的
外星球上是否有生命存在呢？
我们又是否能够与像我们一样的
智慧生物取得联系呢？
让我们给飞船点火，向所有可能的地方进发。
但首先，我们必须避开我们留在
地球上空的太空垃圾。

你听说过太空垃圾吗？其实很简单，就是它字面的意思——在太空中沿不同的轨道环绕地球运行的大大小小的报废卫星和火箭碎片等。

太空垃圾非常危险。如果人造卫星或宇宙飞船撞到哪怕几厘米长的太空碎片，都可能受到严重的破坏。因此，为防止与漂浮在地球周围的小金属碎片相撞，火箭有时不得不推迟发射。

这也是人类最大的"宇宙飞船"——"国际"空间站面临的一大挑战。科学家们必须定期打开小火箭，将空间站上升或下降到安全的地方。否则，它可能因为碰撞而变成太空垃圾，里面的宇航员也将面临死亡的威胁。

太空垃圾的"攻击原理"类似于枪支子弹或导弹，它们的速度甚至更快，可达每小时 30 000 千米，因此，如果空间站和太空垃圾碎片直接相撞，相对速度可达每小时 50 000 千米以上，没有任何物体能承受这样的冲击。

人们估算，太空中有近亿个垃圾，大部分都是不到 1 厘米的小碎片，它可能是油漆斑块或冰冻的火箭燃料。而成千上万的大于 1 厘米的碎片，通常都是轻金属材料。

其中最大的碎片是一个完整的火箭发动机。最奇怪的是 2008 年一位美国的宇航员在一次维修任务中丢失的一只昂贵的工具箱，里面还装了一支喷枪。

2009 年，一颗美国卫星和一颗俄罗斯已报废卫星相

从图中你可以看到围绕地球盘旋的太空垃圾。其中大多是已经退役的人造卫星碎片

图片来源：**NASA**

撞，问题变得愈发糟糕。

人类已经占据了太多空间——甚至将太空变成了我们的垃圾填埋场。

如今，约有 1 000 多颗卫星在围绕地球正常运行，但也有数千颗已经报废的卫星悄无声息地成为太空碎片。还有坠毁的飞船，它们坠落到大气中时被烧成了灰烬。

1957 年，太空中只有一颗人造卫星——苏联研制发射的"人造地球卫星"1 号。它只有 83.6 千克重，和一个直径半米的金属球差不多大，里面有一个无线电发射机。尽管简陋，但它依旧到达了太空，并围绕地球盘旋。

一个月后，苏联把一个生命送上了太空。它是一只小

"国际"空间站是人类非常昂贵的太空实践。这项任务至今已耗资上千亿美元。空间站由大型太阳能电池阵和厚管道组成，太阳能电池阵宽 110 米。飞船上的 7 名宇航员可以在那里做试验、吃饭和睡觉。它在 426 千米的高空绕地球运行，绕行一圈大约需 1.5 小时

图片来源：**NASA**

狗，名叫莱卡。在太空待了几个小时后，它就在闷热的太空舱里死去了。

后来，苏联又有了一项令世界震惊的创举——在1961年将第一个地球人送入太空。这位宇航员名叫尤里·加加林，之前是一名歼击机飞行员。他搭载小型宇宙飞船"东方"1号绕地球飞行了108分钟，之后带着降落伞返回地面。这是一次轰动了全人类的伟大尝试，加加林也成为世界闻名的太空第一人。

苏联的太空之旅让美国非常嫉妒。因此，美国人下定决心赢得与苏联的太空竞赛。想要取胜，他们必须抢先到达月球，然后再派遣宇航员登月。

如你所知，在1969年，他们成功了。后来，美国人和俄罗斯人都开始建造小型空间站，宇航员可以在那里住几个月，以提前适应太空中的失重感和孤独感。

最终，美国和俄罗斯冰释前嫌，他们决定联手创建"国际"空间站，通常被简称为ISS。欧洲和日本也参与了这次国际太空合作计划。

这项计划的实施困难重重。20世纪80年代，美国研制了几架航天飞机，旨在将组件运送到距地球426千米的轨道。不幸的是，这些航天飞机并不是每一次任务的飞行之旅都十分顺利。

1986年，"挑战者"号航天飞机在起飞仅73秒后发生爆炸，7名宇航员全部遇难。其中一位是学校的老师，他原本打算从航天飞机上下来后，向全美国的孩子们传授太空和失重的奥秘。

美国总共建造了5架航天飞机。1981年，第一架航天飞机"哥伦比亚"号飞行试验成功。22年后，这架航天飞机在返回地球时解体坠毁，7名宇航员全部遇难

图片来源：NASA

2003 年，悲剧再次发生。"哥伦比亚"号航天飞机在太空飞行了 16 天后返回地球时解体坠毁，7 名宇航员都失去了生命。

从 2011 年起，美国放弃了航天飞机的飞行。从那以后，人类只能搭载俄罗斯或中国的火箭进入太空。比如 2015 年，丹麦第一位宇航员安德烈亚斯·莫根森与另外两名宇航员就乘坐俄罗斯的联盟 TMA-16M 载人飞船从"国际"空间站返回地球。

这次太空旅行让安德烈亚斯·莫根森实现了儿时的梦想。他喜欢在"国际"空间站的失重状态下四处漂浮，透过明亮的大窗户注视我们美丽的地球。

与其他宇航员不同的是，他也充分享受了在小型太空舱为期 10 天的艰难返航之旅，最终他们在哈萨克斯坦的草原上着陆。

"真的很像一场非常非常疯狂的过山车旅行，"他后来说，"太空舱被甩来甩去。我一度放声大笑，因为这是一次独一无二的体验。"

如今，有一些私营航天公司已经开始制造自己的火箭和宇宙飞船。其中最大的是美国太空探索技术公司（SpaceX），他们开创了部分可重复使用的运载火箭，在发射后火箭的下半部分可以垂直降落，大大节约了资金，因为在以往，这些部件只会在空中坠毁。

美国太空探索技术公司也想把人类送上月球和火星。他们希望世界上最富有的人能花 10 亿美元——甚至更多——来享受一次疯狂的太空旅行。

不过，大多数专家预计，首次将人类送上火星应该不会是像美国太空探索技术公司这样的企业。也许他们能够把人送上火星轨道，但让人类在火星上着陆并安全返航，就是另一回事了。

这是极其昂贵且充满危险的，可能需要许多国家联合起来才能最终实现。

2015 年，安德烈亚斯·莫根森成为第一位进入太空的丹麦人。他在处于失重状态的"国际"空间站工作——图中的他正位于哥伦布舱

图片来源：ESA / NASA

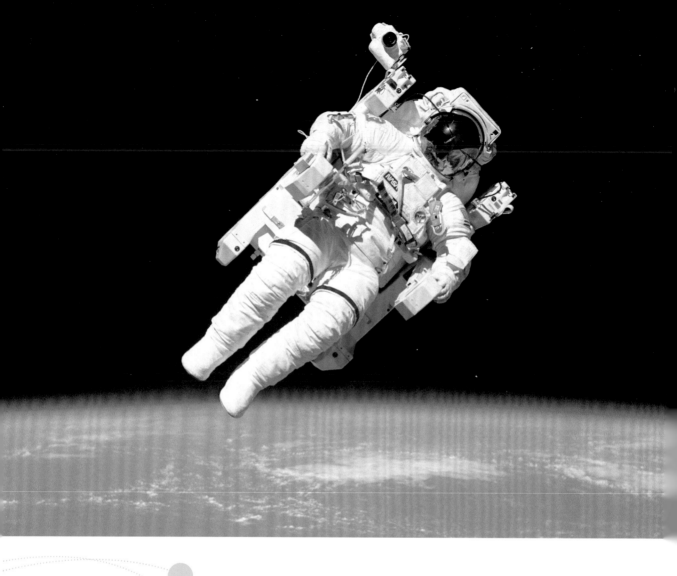

宇航员最疯狂的体验莫过于在宇宙飞船外漫步了。图中，美国宇航员布鲁斯·麦克坎德莱斯穿着航天服在离航天飞机稍远的地方盘旋，他可以在太空中自由飞行

图片来源：**NASA**

登上火星

为什么人类登上火星的意义如此重大？我们为什么不能用卫星和机器人来探索这个红色星球呢？主要原因是，有智慧的人类可以做一些机器人无法做到的事——比如，捡起一块有趣的火星石，把它砸开，看看里面是否有已经灭绝的火星动物的痕迹。如果火星宇航员能有所发现，将在全世界引起巨大的轰动，因为那时我们必须承认地球不是唯一一个存在生命的星球。

另一个原因是人类无法压抑渴求真理的热情，我们想要通过不断尝试，挑战极限，让不可能变成可能。如果人类登陆火星，将是一个伟大的壮举，也将成为世界历史的新篇章，可能会让所有地球人少一些分歧与战争，多一份珍惜与理解。

此外，这也有助于开发新的智能产品，这些新产品不仅可以用于火星之旅，也可以使新材料和新技术的发展受益。

最后一个原因是，人类想要寻找一艘"救生艇"。

如果最终——在许多许多年之后——由于全球变暖、人口过剩或战争等因素，地球上的环境越来越恶劣，人类的生存越来越艰难，我们可以尝试在太空中寻找另一个家园。虽然火星并不适宜居住，但我们可以在那里进行尝试，比如搭建温室，种植蔬菜。植物可以制造氧气，如果我们有了氧气，就可以呼吸。

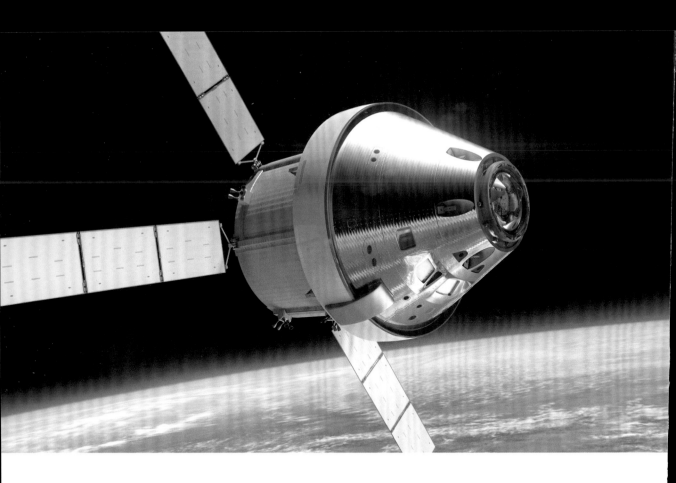

图为美国国家航空航天局将要发射的猎户座太空飞船。将来的火星探测器也与它类似。宇航员坐在最前面，后面是飞船的服务舱，里面有发动机、水和氧气。电力来自大型太阳能板。火星宇航员在往返飞行的过程中需要在这里生活大约 1 年的时间

图片来源：**NASA**

美国计划在 21 世纪 30 年代把人类送上火星。美国国家航空航天局已经开始研制名为"猎户座"的新一代太空飞船，它将搭载着人类完成火星之旅。

火星离地球实在是太远了。往返月球的旅程需要 1 周的时间，但一趟火星之旅却需要大约 6 个月。而且宇航员需要在这个星球上待几个星期，甚至几个月，才可以返程回家。所以，综合起来，一次旅行需要 1 年半的时间，甚至更长。

因此，登陆火星的宇航员必须有足够的食物、饮料、氧气、燃料和水。他们也需要温暖充足的空间，因为他们需要适当地锻炼，也需要属于自己的个人空间。

绝大多数宇航员都说失重的感觉很奇妙。你会感到自

由和放松，没有"上"与"下"的区别。在地球上重达100千克的大箱子，在失重状态下你可以用食指轻易移动。

但是在没有重力的环境中，骨骼和肌肉会变得很虚弱。因此宇航员必须锻炼身体，比如在运动自行车或跑步机上锻炼，不过为了防止他们飘起来，做这些运动时需要将他们捆绑在机械上。他们强身健体，也是在为重新适应地球引力做准备。长时间的失重也会导致眼球"凸出"，视力下降。

而且与家人取得联系也异常艰难。宇航员无法正常拿起手机给家里打电话，因为经过几天的飞行后，通信信号到达地球需要很长时间，所以等着电话另一头的人来接听已经没有意义了。

宇航员们也可能会因为不喜欢彼此的习惯、气味和声音而互相厌倦，发生争执。因此，精心挑选宇航员至关重要，他们不仅需要健康强壮，也必须学会互相理解，互帮互助。

宇航员还要有冒险的勇气。飞船会不断受到太空危险辐射的影响，可能会引起火灾，有时电力和氧气可能会出现状况，但宇航员无法求助医生、消防队或机械师，必须自己处理所有突发状况。他们要坚强果敢，不会对每时每刻都可能到来的死亡感到恐慌。

终有一天，宇航员会在火星上着陆，他们也将遇到新的危险。那里随时都会有强劲的沙尘暴，而且晚上温度很低，必须小心不要远离飞船，还要确保在宇航服里的氧气和热量用尽之前回来。

世界上经验最丰富的宇航员当数俄罗斯宇航员根纳季·帕达尔卡。他共在太空中生活了879天，约两年半，他希望今后能达到1000天以上

图片来源：**NASA**

但也许那时火星上已经有提前到达的无人驾驶货运飞船，上面存贮着大量食物、水和科学设备，甚至还会有电动汽车和可折叠的火星屋。

这样的话，宇航员就可以舒服地躺在自己的小床上，不需要为食物和寒冷感到担忧，他们可以心满意足地观赏窗外夕阳西下时壮美的红色沙地景观。当黑暗降临，宇航员们可以在夜空中找到一个小小的蓝点，那就是 2 亿多千米之外的人类家园——地球。

然后，他们就可以进入甜美的梦乡，梦到有一天他或她最终回到遥远的蓝色星球上，成为人们尊敬和爱戴的英雄。

在火星上，沙尘暴非常危险，灰尘会阻碍人们的视线

图片来源：NASA

太阳系外行星

直到 20 世纪 90 年代中期，人们还不知道在太阳系之外存在其他行星。当然，人们也有过疑问，为什么太阳之外的其他恒星周围没有行星呢？

那是因为你看不到它们。天文望远镜和其他仪器在很多方面还不够强大。然而，在那之后，人们发现了成千上万个行星，这也是天文历史上最伟大的成就之一。

恒星很"容易"被发现。因为它们体型巨大，非常明

亮。但是行星要比恒星小几千倍甚至几百万倍，而且完全不发光。它们散发的光其实是反射的恒星的光。所以从远处看，它们就像无尽黑暗中的灰色沙粒。

试着想象一颗距离我们 100 光年，大小与地球相似的行星。如果我们在地球上用望远镜观察这颗行星，就相当于寻找放置在 40 万千米之外的月球上的一块硬币。

那么天文学家到底是如何发现遥远的行星的呢？

他们主要采取两种方法。一种是测量恒星发出的光。当行星经过恒星的发光盘时，恒星的光会变暗一些。因此，通过测量光的损耗，就可以计算行星是否存在。这种方法适用于探测离恒星较近的大行星。

另一种被称为"天体测量法"。虽然行星与恒星相比微不足道，但它的引力仍然可以"拖拽"恒星，使其运行轨道发生变化。这样人们就可以通过恒星的轨道变化估算出在恒星周围移动的行星质量。

有时甚至可以使用两种方法，同时计算出行星的大小、重量和它到恒星的距离。

如今，人们已经发射了许多带有强大计算机和敏感仪器的卫星，它们可以自动扫描星空，寻找太阳系以外的行星迹象。这些行星被称为太阳系外行星。

就这样，人们发现了越来越多的系外行星，从而天文学家也可以肯定，几乎所有的恒星都有行星。人们还发现，拥有 8 大行星的太阳系并不是独一无二的，它只是位于银河系一角的一个小小世界。在广袤的宇宙中，还有不计其数的恒星既拥有像地球和火星这样的岩质小行星，也拥有

我们的太阳系并不独特。在银河系里，行星数量远比恒星多得多。很多证据表明，大多数行星都漂浮在与太阳系类似的行星系中。但是我们什么时候才能发现一颗有生命存在的遥远的行星呢？

图片来源：ESO

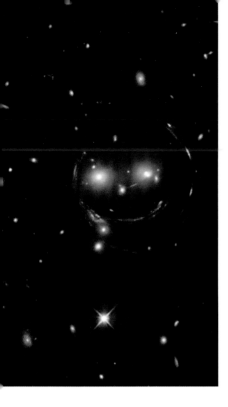

恒星、黑洞和星系的巨大引力可以使它们周围的太空产生弯曲。因此太空会变成一个放大镜，放大它背后的一切。在这张图中，中间的两个星系放大了另一个遥远的星系，使它出现弯曲，但同时也可以清晰地看到它蓝色的光环。用同样的方法，人们发现了2.5万光年之外的系外行星。如果没有这种天然的放大镜，几百万光年之外的系外行星很难被发现

图片来源：**NASA/ESA/HUBBLE**

像土星和木星这样的气态巨行星。

人们还发现，类地行星一般在离恒星特定的距离范围内绕转，上面很有可能存在液态水，比如分布着湖泊、河流和海洋。这一范围也被称为"古迪洛克带"，或者更通俗地讲——"适居带"。

你听说过关于小女孩古迪洛克的童话故事吗？在故事里，这个充满好奇心的小女孩走进了森林里3只熊的家。

熊爸爸、熊妈妈和小熊刚刚煮好了美味的粥，他们去散步了，等待粥凉下来。古迪洛克看到桌子上有3碗可口的粥，她想尝尝味道。但大碗里的粥太烫了，中碗里的粥太凉了，幸运的是，小碗里的粥正合适，于是她把小碗里的粥吃了个精光。

这就是为什么它被称为"古迪洛克带"或者"适居带"，因为这里的距离刚刚好。这里既不太热，也不太冷。在这样舒适的温度下，很可能会找到存在液态水和生命的星球。

科学家在恒星Trappist-1的周围发现了多颗令人激动的系外行星。这颗恒星距离地球约40光年，是一颗体积较小、温度极低的红矮星。在它的适居带里，人们发现了3颗与地球大小相近的岩质行星。

在Trappist-1周围共发现了7颗行星，但其中有3颗离恒星太近，因此温度极高，而最后一颗行星离恒星太远，因此它的温度极低。这样看来，这个行星系统与我们所在的太阳系非常相似。

我们并不知道这3颗行星上是否有生命存在，一些天

文学家对此表示怀疑。主要是因为它们总是以同一面朝向恒星，也就是说，3 个行星有一面总是白天，另一面一直处于黑夜，就像月球一直以同一面朝向地球一样。

因此，人们推测这些行星面朝恒星的一面非常热，而背对恒星的一面则会像冰柜一样冷。那么，在白天和黑夜交接的地带会有生命存在吗？

有人认为，这 3 颗行星与 Trappist-1 的距离如此接近，行星表面很有可能充满致命的辐射，而且由于距离太近，它们围绕恒星公转 1 周的最短时间只有 1.5 天。也就是说某颗行星 1 年只持续 1.5 天。

但是，我们距离 Trappist-1 的行星近 40 光年，实在是太远了。那么，为什么不去探索离太阳系最近的恒星周围的行星呢？

离我们最近的恒星是比邻星，距离我们 4.22 光年，因此，它与我们的距离差不多是 Trappist-1 与我们距离的十分之一。它周围也有一颗类似地球的行星，质量只比地球重一点点。

和 Trappist-1 一样，比邻星也是一颗温度较低、体积较小的红矮星。而且，它的行星离恒星很近，也可能总是以同一面朝向比邻星。但是，如果有生命在这里的白天和黑夜之间生活，这些沐浴在红光下的生物就能观赏到一直处在地平线上的恒星。

如果我们愿意，我们可以向这些生物发送强大的无线电信号和讯息：

"嗨！我们生活在地球上。你们是谁，你们好吗？来自

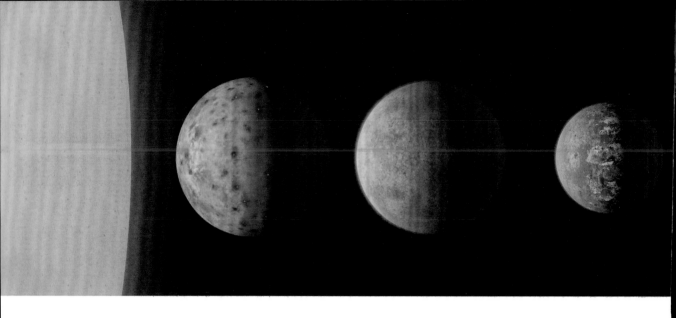

图为恒星 Trappist-1 周围的 7 颗行星。从左至右的 2号、3 号和 4 号行星位于适居带，那里可能有液态水，也许还有生命存在

图片来源：**NASA / JPL-CALTECH**

有思想的两条腿地球人的问候。"

我们发送的信号在太空中以光速传播，所以这些讯息到达比邻星需要 4 年多一点儿的时间。如果那里有生命存在，而且他们足够聪明，能够理解信息，并立即回答，那么我们可以在向他们发送问候的 8.5 年之后收到他们的回信。

但我们为什么不能去那里旅行，去寻找生命的痕迹呢？这是一个不错的想法，但我们还应该保持耐心。如今，最快的宇宙飞船飞行速度可达每小时 5 万千米。就算我们能以 20 倍的速度，也就是每小时 100 万千米的速度飞行，依然需要 5 000 年才能到最近的系外行星上旅行。所以即使我们研发出这样一艘超级宇宙飞船，也没有太多意义。

其实，一位俄罗斯的亿万富翁有一个疯狂的计划：把一支宇宙飞船舰队送到比邻星。他打赌能在 20 年内到达那里，这真的可能实现吗？

诀窍是宇宙飞船必须又小又轻。它们的重量不能超过

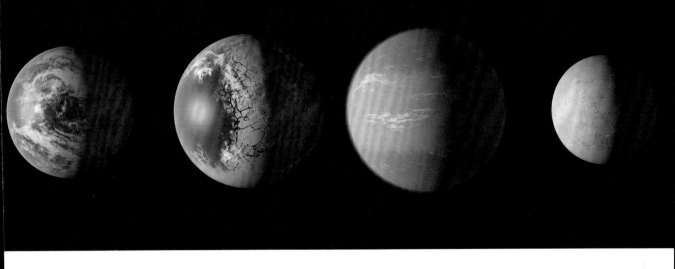

1克，只能携带类似电脑或手机中的芯片一样的核心元件。在每个芯片中，人们需要安装微型摄像机、无线电发射机、导航系统、电池和精密测量仪器。

最重要的是，这些微型宇宙飞船都必须有一个像船一样的帆，类似超薄的银纸，非常之轻。人们将其称为光帆。

首先，我们要将微型宇宙飞船发射到地球上方的太空中，在那里它们将展开光帆。然后，地上的科学家需要点燃地球上有史以来最大、最强的激光炮。

当强光照射到光帆上时，微型宇宙飞船开始以惊人的速度飞行——速度最高可达光速的五分之一，也就是说，以每小时几亿千米的速度前进。

在空旷的太空中，光的工作方式与地球上的光几乎相同。当光线遇到"帆"时，产生的压力会推动它前进。这样一来，宇宙飞船就不需要携带大量笨重又危险的燃料了。

在旅途中，一定会有许多宇宙飞船破损或出故障。但只要有少数碎片幸存下来，那么在大约20年后，它们就

大地永恒地沐浴在橙棕色的光辉中。这就是类地行星
比邻星 b 上的景观。也许有一天，我们可以把小宇宙飞船
送到那里

图片来源：ESO

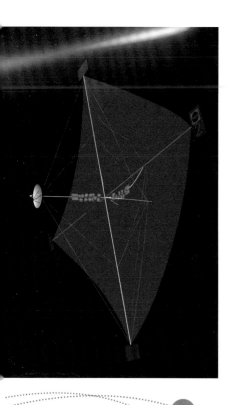

能够拍摄到离我们最近的系外行星的影像，并将这些资料传回地球。4 年多一点儿之后，我们就可以看到另一个世界的奇妙景象。

但是，已经有智慧生物使用激光炮和光帆在行星与恒星之间旅行了吗？

图为带有光帆的微型宇宙飞船。当来自地球上的激光——或来自太阳和其他恒星的光——击中光帆时，宇宙飞船可以在光的推动下高速运行。这种方法非常聪明，避免了在旅途中携带沉重又危险的燃料

图片来源：NASA / MARSHALL SPACE FLIGHT CENTER

无数种可能

2001 年 8 月 24 日，澳大利亚的一个大型射电望远镜捕捉到了来自宇宙的奇怪信号。这些信号源自脉冲星的射电爆发，只持续了 5 毫秒，爆发出的能量却相当于数百万颗太阳的能量。

此后，人类又有了 16 次类似的发现。天文学家们绞尽脑汁，试图找出它们的成因。由于看起来并不像"自然"信号，所以一些专家猜想这些信号可能来自拥有超先进科技的外星人。

专家们分析，这些信号也许来自激光炮。如此强大的力量足以"推动"一艘巨大的宇宙飞船，让它以略低于光速的速度航行。也就是说，这可能是一艘重达 100 万吨的宇宙飞船，带领着外星生物游览太空。

如果这一猜想是真的，那也意味着这些生物不仅能够从离他们最近的恒星那里获取惊人的能量，还可以储存能量，最后以强大的力量将其释放出去。

在地球上，我们只能在一瞬间捕捉到这些神秘信号。这有可能是因为外星人处在一个不断旋转的星系中。因此在千分之五秒内，一束光穿过太空，照射到了宇宙中我们所在的小蓝点上。

我们也许永远无法知道这些奇怪的光线是否真的来自遥远星系中的大型宇宙飞船。为什么呢？

让我们来算算宇宙中可能有多少生命存在吧。首先，据报道，已发现的类似太阳拥有行星系统的恒星约有 140 颗。而广阔的宇宙中天文学家可观测的范围仅仅是沧海一粟，银河系中恒星就已有约 2 000 亿颗。

当然，并不是所有这些恒星的行星上都有智慧生命。生命的孕育需要诸多前提，就像地球生命的发展史一样。

例如，一个适合居住的星球必须拥有保护它表面的生物免受来自太空危险射线伤害的大气层，与此同时也能控制温度变化，使其处在合理的范围之内。而且，它不能离恒星太近，否则恒星的强大射线会破坏行星的表面。最后，这颗行星的恒星必须是长期稳定的，它必须能够在数十亿年里保持同样的状态。否则生命的产生与发展可能会缺乏足够的时间和安稳的环境。

最后这个前提对智慧生命的发展至关重要。要记得，地球上最早的原始生命是在大约 35 亿年前出现，但直到 4 万年前，才形成与现代人类没有多大差别的人，也就是我们的祖先（我们自己是这么认为的）。

但是，如果原始生命存在于类地系外行星上，而这些生命恰好有足够的时间和安稳的环境逐渐进化，那么宇宙中一定还有许多行星上有智慧生物。

为什么我们从来没有收到他们的消息呢？

其中有很多原因，但最重要的是距离。如果我们与最近的存在智慧生物的行星相隔 5 万光年，那么飞船的速度即使能达到光速的一半（这已经是令人难以置信的速度），也需要花 10 万年才能飞到我们身边，这是极其漫长的时间。

另一个原因可能是智慧生命只能延续相当短的时间。也许这是一种自然法则：当有智慧的生物在一个星球上出现时，他们注定会在不到——比如说——一百万年的时间内毁灭他们的星球。如果这个猜想正确，那么也许"愚蠢"要比"智慧"更明智。

因此，如果我们在明天收到了从 5 万光年外的行星上发来的智能信号，并立即给出回答，那么在我们的回复以光速传回那个行星之前，这些智慧生命的后代可能就已经灭绝了。

第三个原因是外星生物可能已经到过地球，或者还在

也许在其他星球上，天空的景象与我们所熟悉的截然不同。许多行星会围绕两颗恒星运行，图中的行星，或者更确切地说，是一颗卫星，在围绕 3 颗恒星运行。离卫星很近的地方是一颗类似木星的巨大气态行星。生命既可以在行星上扎根，也可以在卫星上扎根

图片来源：**NASA / JPL-CALTECH**

这里，只是我们还没有发现他们。也可能他们把隐形机器人送到了地球上——或者他们正在地球附近一艘隐秘的宇宙飞船上监视我们。

试想一下，人类只是在最近 60 年才研制出太空火箭，在最近 30—40 年中才开始使用电脑和手机。

如果这些外星人比我们更聪明，已经花费 10 万年研制出了更先进、更智能的科技呢？他们可能拥有我们做梦都想象不到的神秘机器以及我们完全不能理解的先进技术。因此他们能够研究我们，就像我们研究蚂蚁一样。

我们也不知道他们到底长什么样。在科幻电影中，外星人通常看起来与人类相似，他们也用两条腿走路，有两只胳膊和一个大大的头。主要的区别是他们有 6 根手指和一对巨大的眼睛。但为什么他们看起来一定会像人类呢？

难道他们不能像乌贼一样生活在海里，或者像蜘蛛一样有 8 条腿和 4 对眼睛吗？又或者他们会不会是半生物半机器的物种呢？

如果有一天我们真的见到了一个宇宙智慧生命——一个外星人——我们又该如何与他交流呢？我们的语言一定大相径庭。也许他们的语言像飞鸟或鲸鱼的歌声一样超出我们的理解范围，或者也有可能他们根本就没有语言，而是使用思维转移进行沟通。

有人认为我们应该尝试用数学与他们交流，因为数学是一种普适的通用语言。在世界上的任何地方，2 加 2 都是 4，4 乘以 4 都是 16。但这种交谈方式有些冷酷。而且，数学也需要一种双方都知道的语言作为基础。

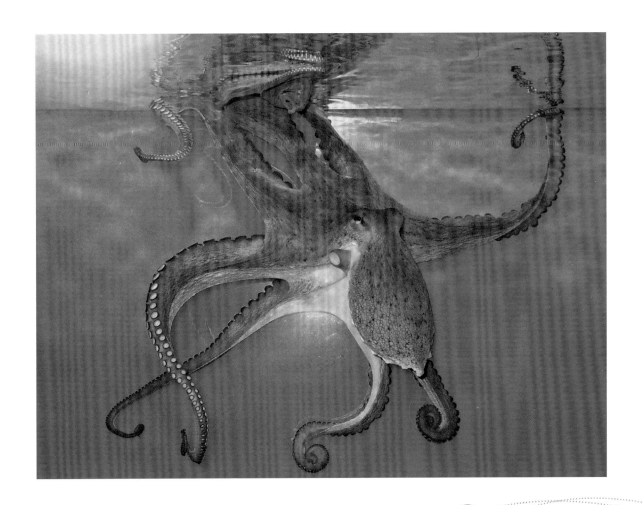

如果有一天，外星人来到地球上，我们一定会对他们感到好奇，但同时也充满恐惧。因为我们会不由自主地想他们为什么来这里？他们会伤害我们吗，还是来建立友谊？还有一种潜在的危险是，他们可能会使我们感染无法预防的致命疾病。

但是，不要害怕，你依然可以安稳地进入梦乡。很有可能没有外星人发现我们。但反过来，我们也在坚持不懈地创造让外星生物发现我们的机会。

首先，我们在大量"制造噪声"，比如通过收音机、电视、手机和互联网发出越来越多的信号，这些信号正在源

为什么我们经常会认为外星人和我们一样——有两条腿和两条胳膊呢？难道他们不能看起来像蛇、蚂蚁或乌贼吗？

图片来源：H. ZELL

源不断地以光速离开地球。所以在 100 年或 1 000 年后，遥远的外星生物可能会看到来自地球的电视节目，比如《X 音素》(X Factor) 或《欧洲歌唱大赛》(Eurovision Song Contest) 等等。

其次，我们已经通过射电望远镜向可能存在智慧生命的系外行星发送了强大的信号——包括地球的图像和关于人类的信息。

但也有一些科学家觉得我们应该保持沉默。他们认为，我们必须克制自己，不要去吸引宇宙生物的注意力，并警告人们来自外星的造访可能比我们想象的更危险。

寻找生命

许多天文学家相信，在大约 10—20 年后，我们将能够证明地球不是唯一有生命的星球。至少，我们会找到存在原始生命，比如细菌和其他小型爬行动物的星球。这主要得益于我们的设备越来越强大。

不久之后，著名的哈勃空间望远镜将被更先进的詹姆斯·韦伯空间望远镜所取代。这台新望远镜计划在距离地球 150 万千米的高空中运转，是地球与月球之间平均距离的 3 倍。到 21 世纪 20 年代中期，欧洲的"超大望远镜"E-ELT 将打开从南美洲智利的高原通向太空的大门，它也将是全世界最伟大的天空之眼。这两台望远镜都耗资数亿美元，它们将能够回望最远古的过往，看到宇宙中最早的星系，也能够将系外行星的图像第一次呈现在我们眼前。

有了詹姆斯·韦伯和 E-ELT 空间望远镜，人们还可以看到一些类地系外行星是否有大气层，而且天文学家也将有办法弄清楚这些大气层的组成成分。

最后一点至关重要，因为通过大气层可以预估生命是否存在。如果外星人在遥远的太空研究地球的大气层，他们就能发现地球是一个有生命的星球。

比如，当他们发现地球上方的空气中有大量氧气，就几乎可以肯定地球表面有绿色植物在源源不断地制造氧气。它们还能检测出甲烷气体，由此推断这种气体也许来自打

大约在 2024 年，世界上最大的望远镜 E-ELT 将在智利的一座高峰开放。如果你能看到前面的汽车，就能感觉到它有多大。这台望远镜将用一面 39 米宽的镜子捕捉宇宙中的光线。它将成为人类前所未有的敏锐太空之眼。在它的帮助下，我们可以开始认真研究系外行星，探索那里是否有生命存在。

嗝的奶牛或腐烂的植物。

借助像 E-ELT 这样的大型望远镜，人们就可以更深入地研究系外行星的大气层。当恒星发出的强光穿过行星的大气层时，光会被分散成不同的颜色。每种颜色都代表着行星大气层中存在某些物质。通过这种方式，天文学家可以看到大气的组成——例如，大气中有格外多的氧气、甲烷，或是臭氧。

在地球大气层的高处是一层臭氧层，保护我们免受危险的太阳辐射的伤害。当阳光照射到大气中的氧气时会产生臭氧。因此如果某个星球的大气层中存在臭氧，那么这里很有可能存在生命。

现存的望远镜还不足以研究系外行星的大气。但曾经有一次，我们成功测量出了 39 光年之外的一颗类地行星上有大气层。而且有诸多证据表明，大气层中含有大量的水蒸气。

不过，很可能这颗系外行星根本不是一颗岩质行星，而是一颗温暖的水行星，因此，沸腾的海洋接连不断地向空气中释放了大量蒸汽。

但是，如果在 10 年后，我们发现一颗系外行星，它的大气中含有大量的氧气和臭氧，会怎么样呢？我们可以百分之百地确信这颗行星上有生命存在吗？

也许不能百分之百确定，但是有生命的概率很大。我们只是不知道在这颗行星表面生活并呼吸空气的是什么。可能是简单的细菌，也许是更发达的生物——比如，一种鱼或者蛇。

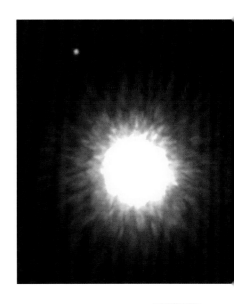

能够在地球上拍摄到许多光年之外的类地系外行星，大致相当于在地球上拍摄月球上的一块硬币。人类有过几次成功的拍摄，但仅局限于非常大的行星。图为一颗 500 光年远的恒星，在恒星上方有一个黄色的小点。它应该是一个巨行星，可能比地球大 10 000 倍。几年后，我们可以更清楚地拍摄到目标星球

图片来源：**GEMINI OBSERVATORY**

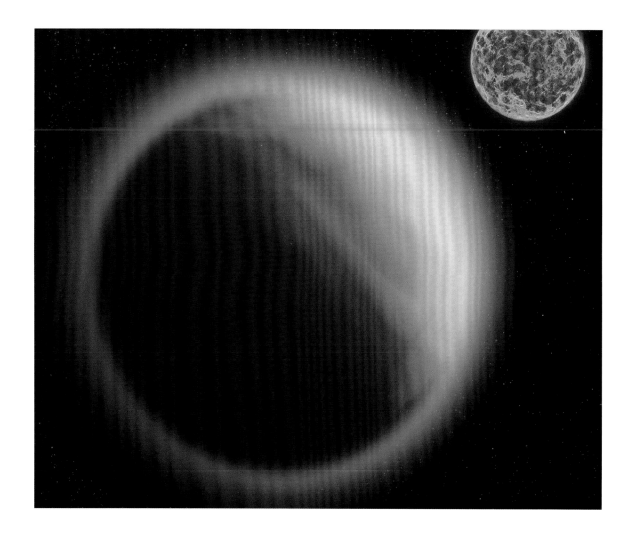

生命在行星的大气中留下了痕迹，不久之后我们就可以开始测量许多光年之外的系外行星的大气中是否有生命存在的迹象。图为 39 光年之外大气中含有大量水蒸气的类地行星

图片来源：**MPIA**

地球上最早出现的生命可能是一种生活在海洋里，类似蓝绿藻的原始细菌。它们可以在夏天把海水完全染成绿色，人们在里面游泳时会不幸中毒。

和植物一样，蓝绿藻能够利用阳光产生能量，但最初它们产生的氧气没有任何用途。

只有在几十亿年后，当地球上开始出现更发达的生命，比如昆虫、甲壳类动物和青蛙时，它们才开始充分利用蓝绿藻制造的氧气。

如果我们在 10 年之后发现了一颗有生命迹象的系外

行星，那么离我们真正弄清楚那里的情况还需要很长一段时间。因为我们需要飞往那个星球，在那里着陆，才能找到问题的答案。

但是，也许有一天，一艘搭载着智能机器人的先进、快速的宇宙飞船可以帮我们实现这一愿望。机器人可以降落在这个星球上，走进危险的丛林探索生命的足迹。但前提是，这颗行星不能太遥远，至少不需要数千年才能到达。

想要接近系外行星上的生命其实异常艰难。因此，我们也许更应该着眼太阳系。也许在土星的卫星恩克拉多斯和木星的卫星欧罗巴的厚重冰层下，隐藏着巨大而深邃的海洋，我们不能排除有生命在那里游动的可能。

当然，那里的生命完全可能只是一些小细菌，但也许会是大螃蟹、奇怪的章鱼——或者是我们完全想象不到的其他物种呢？

作为人类，我们永葆好奇心，因此我们一定要去探寻这一切疑问的答案。

在大约 50 亿年之后，太阳将变成无比庞大的红巨星。再过几十亿年，地球也将被它吞噬

图片来源：LEV SAVITSKIY

世界的尽头

不幸的是，总有一天，这一切终将结束。也许在大约 1 亿或 2 亿年后，地球会被一个直径 1 千米长的小行星撞击，一半以上的动植物将走向灭绝。或者，会出现一场剧烈而持久的火山喷发，把我们的地球冷却成巨大的冰柜。

当那一天到来的时候，我们人类可能已经不在这里了。也许我们已经进化成一种与现在完全不同的生物，也许我们遥远的后代已经在几光年以外的美丽行星上定居了。

尽管小行星或火山会造成严重的破坏，但地球仍然存在。新的生命会继续涌现，就像 6 500 万年前恐龙灭绝时，

小型哺乳动物突然得到了生存机会一样。

但在更遥远的将来，太阳系这颗蓝色星球上的所有生命都将彻底消失。这是因为我们的生命之源——太阳正在变得越来越热，越来越大。

大约 34 亿年后，太阳将会变得非常热，以至于地球上的海洋会沸腾，海水将蒸发到太空中。那时，地球就会变成一个没有大气层保护的荒芜沙漠，大多数生命都将无法承受如此恶劣的环境。

也许一些特别顽强的细菌可以在地球深处的裂缝中生存，但很快，它们也不得不放弃，因为太阳会变得越来越红，越来越大，越来越热。

最终，太阳变得如此巨大，它会将吞噬月球和我们古老地球的残骸。

但太阳会继续生长并散发出明亮的光芒，直到大约 4 亿年后它耗尽了所有的燃料。

这时的太阳将完全塌缩，最终变成地球大小，密度却是现在 100 万倍。从而，太阳就变成了我们所说的白矮星，而它的核心，在以后的几十亿年里都会保持温暖。

在我们古老太阳的残骸周围，拥有着无数星系的宇宙仍然存在。但是宇宙要比现在大好几倍，因为在此期间它一直在以疯狂的速度膨胀。

星系之间的距离，从曾经的几百万光年变得越来越大，以至于光无法从一个星系传播到另一个星系。与此同时，宇宙变得越来越冷，最后仅存的寿命超长的小型恒星也将完全消失，一切都将变得黯淡无光。

但是，冰冷的行星、古老的恒星核心和高密度的黑洞的残骸仍将存在，宇宙也依旧在以疯狂并不断加快的速度继续向无穷远处扩展。

没有人知道这一切的尽头在哪里。

也许这些遗骸会永远消失。也许所有的原子都将在膨胀的宇宙中被撕成碎片。也许宇宙开始减速坍缩，最终以一个点告终，接着，一切又从新的大爆炸重新开始。

或者这一切都会消失在一个巨大的黑洞里，我们宇宙的残余物会被吸进一个完全不同的宇宙。

终有一天，生命、地球、太阳和其他一切都将终结，我们应该为此感到悲伤吗？

不。地球在很久很久以后才会走向灭亡，所以对你我来说并无大碍。与数十亿年之后的地球末日相比，漫长美好的人类生命仿佛一眨眼的工夫。

一代又一代人将会出现，新物种将会产生，我们的蓝色星球将继续发生变化，也将继续养育丰富多彩的地球生命。

太空中有无限种可能等待着我们去探索，我们也要由衷感谢，广袤无垠的宇宙给予了我们最美好的一切。

关于本书

在写作过程中，我尽可能在保证科学性的前提下，让这本书变得容易理解，兼具教育意义。同时，我尽量避免了一些"复杂"概念，例如重力、质量、直径、加速度或光谱分析等。而对那些在书中提及的专业词语，如"系外行星"等，我都做出了详尽的解释。

在从事科学记者和作家的多年历程中，我曾深入研究过这本书中的绝大多数主题。

在写作中，众多杰出的宇航员、科学传播协会和其他相关机构给予了我莫大的灵感与启发。

在此我要衷心感谢：

美国国家航空航天局（NASA）、欧洲空间局（ESA）和欧洲南方天文台（ESO）等太空组织为这本书提供了大量精美的太空照片与插图。

丹麦科研机构丹麦技术大学国家空间研究所（DTU Space）及尼尔斯·玻尔研究所（NBI）。

丹麦科研专家：Anja C. Andersen, Steen Hannestad, Jens Martin Knudsen, Uffe Gråe Jørgensen, Andreas Mogensen, Michael Linden-Vørnle, Johan Fynbo, Peter Norsk, Jørgen Christensen-Dalsgaard, Hans Kjeldsen, Lars Buchhave, Jens Hjorth, Tine Ibsen, Henning Haack, Morten Bo Madsen, Paul Bergsøe, Henrik, Helle Stub.

国外科研专家：Carl Sagan, Stephen Hawking, Neil deGrasse Tyson, Michael A. Strauss, Steven Weinberg, Richard Feynman, J. Richard Gott, Brian Cox, Simon Singh, Chris Hadfield, Timothy Ferris, Kip S. Thorne, Lawrence M. Krauss, Martin Rees, Marcus Chown, Peter Nilson, Max Tegmark, George Smoot.